湿大气中尺度能量谱理论和应用

张立凤　彭　军　著

U0345183

气象出版社
China Meteorological Press

内容简介

本书介绍了非静力湿大气中尺度能量谱理论及应用的研究成果：首先给出了改进的非静力湿大气运动控制方程组及其扰动形式；然后基于这些方程组开展了湿位涡、湿有效能量以及中尺度能量谱的研究，定义了湿物质重力势能，揭示了湿大气有效能量的转化关系；最后设计了理想的梅雨锋和湿斜压波系统，从动力学上揭示了两类系统的中尺度能量谱特征和形成机理。

本书可供大气科学学者和相关专业的师生参考，也可作为研究生教材。

图书在版编目(CIP)数据

湿大气中尺度能量谱理论和应用/张立凤，彭军著. --北京：气象出版社，2017.6

ISBN 978-7-5029-6570-9

Ⅰ.①湿… Ⅱ.①张… ②彭… Ⅲ.①大气能量学-研究 Ⅳ.①P401

中国版本图书馆 CIP 数据核字(2017)第 128616 号

Shidaqi Zhongchidu Nengliangpu Lilun he Yingyong

湿大气中尺度能量谱理论和应用

张立凤　彭　军　著

出版发行：气象出版社

地　　址：北京市海淀区中关村南大街 46 号　　**邮政编码**：100081

电　　话：010-68407112(总编室)　010-68408042(发行部)

网　　址：http://www.qxcbs.com　　**E-mail**：qxcbs@cma.gov.cn

责任编辑：李太宇　　**终　　审**：吴晓鹏

责任校对：王丽梅　　**责任技编**：赵相宁

封面设计：博雅思企划

印　　刷：北京建宏印刷有限公司

开　　本：787 mm×1092 mm　1/16　　**印　　张**：8

字　　数：204 千字

版　　次：2017 年 6 月第 1 版　　**印　　次**：2017 年 6 月第 1 次印刷

定　　价：50.00 元

本书如存在文字不清、漏印以及缺页、倒页、脱页等，请与本社发行部联系调换

序

强烈的乃至造成灾害的天气过程大都与中尺度天气系统（mesoscale weather system）相关。因此，要认识、分析和预报它们，就必须建立较严谨的相应的基本方程组和作相应的理论研究。这有别于大尺度天气系统（synoptic[meteorological]system，按英文的字源直译是“可图示的天气[气象]系统”），以及其相应的基本方程组和动力学研究。对于大尺度天气系统的方程和动力学过程的研究，今日大体上已较成熟和定型了，尽管其中包含有专门适用的近似和不少未解决的问题。但对于中尺度天气系统的研究，在20世纪后半叶仅仅只是开始，21世纪才处于蓬勃发展起来的阶段，现已有许多发出亮丽闪光的研究成果，但尚难说已经是成熟或定型的了，还需要继续做更多更系统更深入的研究。本书的作者张立凤教授的研究结果就属于这些继续深入研究的亮丽者之一。

我国大部分地区位于中低纬度带和季风区，气象灾害频发。还在20世纪50年代，谢义炳、顾震潮、陶诗言等气象学者即发现，不能生硬套用挪威学派和芝加哥学派发展起来的对中高纬度带适用的大尺度天气系统的分析方法和理论。谢义炳教授明确指出，对于中尺度天气系统，甚至中低纬度带的一些大尺度天气系统，非地转风明显，水汽及其相变过程极其重要，必须在分析、预报和建立理论时予以仔细考虑。他用湿空气的相当位温 θ_{se} 代替干空气的位温 θ 来清楚地分析出东亚（尤其夏季）锋区结构及其演变，又于20世纪70年代初期提出湿有效位能和湿不稳定。它比干空气运动不稳定的临界水平尺度要小许多，理论与实际相符合，尽管他仍用了准地转模式（这对于平直基流是适用的）。这些尤如“报春燕子”，尽管当时尚有人对之有所诟病，但谢先生的发现和基本结论全今已成为我国和世界的共识了。此后，先在国内，继而国外，相关的分析方法和各种理论研究就积极开展起来了。例如，对暴雨落区的预报，尤其是其临近预报，用什么气象要素合成的诊断量可作为征兆？就是一个重要的研究课题。

如同20世纪中期一样，那时对中高纬度带和大尺度系统发展的理论研究，得出锋区（即斜压性强的地带）、正涡度（或位涡度）及其平流很有指示性。在锋区扰动的有效位能可转换成水平运动的动能，扰动发展；而涡度及其平流决定系统发展的强度和向何处移动。这在电子计算机不够快和数值天气预报未广泛业务应用之前是十分有用的。对于中尺度问题，几经研究，找出湿位涡（wet potential vorticity）对于暴雨落区很有显示度。

本书作者张立凤教授，在本书中首先详细研究了适合于湿大气中尺度运动的一些近似等专门问题，例如，引入局地气候标准大气代替等温大气作为参考态，引入修改的湿位温，使用湿假不可压缩方程近似等，随后详尽列出湿大气中尺度运动的完整动力学和热力学方程组及其扰动形式，并作了详尽的解说。就笔者所见所知，本书所列，是最为完整、严谨和形式紧凑的。只是作者并不列出相关的初始条件和边界条件，此乃因作者只拟作深入的动力分析和机理研究，无意于引导读者去改进和重新研制中尺度数值天气预报模式以取代现有的各种模式。

由这些基本方程可推出湿大气内部运动的许多合成变量（泛函），便于作多种诊断分析和机理研究，作者也一一作了推导、分析和给出实际应用的个案。这是本书的核心和最精彩的部分。除了前面已提到的湿位涡之外，作者专注于各种能量及其收支、相互转换和转移，还有按运动的空间尺度的能谱分布，及其串级和转换与转移。理论部分就是本书的第4、5章，实际应用分析案例就是第6至第9章。请读者注意，尽管本书作者的推导详细、层次分明，但要读懂第4、5两章，得有耐心、全神贯注并且一气呵成。这是因为湿空气过程本身太复杂了，而且许多都是尚在探索中的新事物，非但要求作者有融会贯通各方面的本领，还需有读者的悟性，像在今日面对大数据而寻找因果关系一样。简言之，作者提出和叙述的（局地）有效能量的定义是很有用的，能谱分析也是很有用的分析工具。在中尺度天气系统发展过程中，湿空气运动能量的形式，其来源及转换和能谱转移是十分重要的。在湿空气中，有不同于干斜压大气大尺度运动的能量形式，例如，因多相水物质的加入而有的湿有效位能（书中称为APE），因垂直速度的重要作用导致湿空气可压缩性作用产生的有效弹性势能（书中称为AEE），甚至还有夹在空气当中的各相水物质的势能（本书称作MGE）。湿空气中的能量中可以使用于相互转换的部分的总和即称为有效能量（available energy）。

本书作者特别注意了能谱的转换及串级和转移问题，这既关系到同在一定谱区内的中尺度运动的发展演变，也关系到不同谱区间的能量交换和转移问题，即不同尺度系统的相互作用，例如大尺度运动与中尺度运动相互作用。笔者以为，中尺度系统自身除经历发生发展到衰消的生命过程，也必有与大尺度系统及比其尺度小的运动（如杂乱的“对流”和不规则的“湍流”）的相互作用。大抵中尺度系统在发生和发展初期，大尺度运动的结构提供了初始扰动发展（不稳定）背景，而位于其处的小尺度运动（杂乱的对流等）于是自组织起来，从大小两头将能量转移到中尺度运动中来，形成明显的中尺度系统。而在中尺度系统发展阶段，主要是自身的各种能量的相互转换而发展，尤其是水汽潜热释放而使动能大增。等到发展到鼎盛和进入衰减阶段，其结构在垂直方向相当大范围内就趋于一致，即趋于一定程度的正压大气运动，于是能量必然同时向大尺度和小尺度转移，前者为大尺度吸收，尤其是加强急流；后者为通过小尺度运动而耗散。故在不同阶段，能谱及其转移是不同的。对不同阶段分别进行研究，可能会更好理解其生命史。本书作者也试图这样做，一些结果很有启发性。至于国外的一些做法，例如就全程套用三维均匀湍流能量串级形式和理论也许是不妥的，其结论还须商榷。

也许笔者是本书的第一批读者之一，研读得不仔细，谨把阅读的体会写出来供后来的读者参考和批评指正。应本书作者盛情之邀，也只好把这些体会权作为本书的一篇序文。

（曾庆存）

2017 年 5 月

前　言

中尺度天气系统的发展是造成暴雨灾害的关键因子，对其准确预报的前提是了解系统发展演变的动力学机理。由于中尺度系统具有非地转平衡、非静力平衡、湿物理过程复杂、多尺度系统相互作用等重要特点，使得中尺度动力学的研究难度很大。

从能量学的角度看，中尺度系统的发展必然伴随着中尺度动能的增加。而分析动能的来源可知，中尺度动能增加的途径大致有两种：一种是在中尺度波段上有其他形式的能量向动能的直接转换；另一种是大尺度或小尺度的动能向中尺度动能的串级输送。能量谱能够给出不同尺度（或波段）上能量的分布，谱空间的能量收支方程能够给出不同尺度上的能量收支和转换。所以，通过诊断能量谱收支方程，可得到中尺度能量的演变和来源，即通过分析中尺度能量谱形成的机理，可为揭示中尺度系统发生发展的机理提供新视角。

大量观测事实表明，在对流层高层和平流层低层中，大气水平动能谱在不同的波长范围表现为不同的斜率 k_h。在天气尺度上，动能谱近似满足 k_h^{-3}；而在中尺度上，动能随波数的变化则比较平缓，动能谱近似满足 $k_h^{-5/3}$。为解释观测动能谱形成的动力学机理，已有大量的研究工作。但从前人的工作结果可知，$k_h^{-5/3}$ 大气中尺度能量谱形成的动力学机理至今仍然是一个具有争议的科学问题，而且越来越多的研究已经表明，大气中基于惯性湍流假定的纯串级理论并不能全面地解释实际中尺度能量谱的特征。过去研究能量谱的理论框架还不能妥善地描述实际大气的情况，这种理论框架的局限性也严重限制了研究结果的全面性。

针对这些问题，本书以湿大气中尺度能量谱理论为切入点，以解释中尺度 $k_h^{-5/3}$ 谱斜率形成机理为牵引，在非静力可压缩湿大气的理论框架下，定义了局地湿有效位能、有效弹性势能和湿物质重力势能，改进了湿大气运动方程组和各种能量收支方程，给出了非静力湿大气中能量的转换关系，推导得到了能量谱收支方程，以中纬度的典型天气系统——斜压波系统和对我国夏季洪涝有重大影响的梅雨锋系统为例，研究了中尺度能量谱的分布特征及形成机理。

本书共分 10 章。第 1 章论述了研究的意义及相关问题的研究现状。第 2 章推导了改进的非静力湿大气运动控制方程组、控制方程组的扰动形式以及湿假不可压缩控制方程组。第 3 章基于改进的非静力湿大气运动控制方程,定义了改进的湿位涡并在暴雨个例中进行了应用和比较。第 4 章基于非静力湿大气运动控制方程组的扰动形式,发展了非静力湿大气局地有效能量理论。第 5 章基于湿假不可压缩控制方程组,推导了非静力湿大气能量谱收支方程。第 6 章和第 7 章研究了梅雨锋系统的中尺度动能谱和湿有效位能谱的分布及形成机理。第 8 章和第 9 章研究了湿斜压波系统在平流层低层和对流层高层的中尺度能量谱的分布及形成机理。第 10 章给出了全文的总结。

本书的研究工作得到了国家自然科学基金项目“梅雨期暴雨系统的中尺度动能谱及可预报性研究”(41375063)的资助,为此特向国家自然科学基金委员会地学部表示感谢。本书的出版还得到国防科技大学气象海洋学院领导和气象出版社的重视和支持,在此也向他们表示感谢。最后还要感谢多年来支持我们工作的曾庆存院士,引领我进入中尺度领域并一直进行合作研究的张铭教授,以及其他鼓励和支持过我的同事、朋友们。

张立凤

2017 年 5 月 12 日

目　录

第 1 章　绪论

1.1　研究背景与选题意义

中尺度天气系统是造成气象灾害的主要天气系统。认识和了解中尺度天气系统发展演变的动力学机理是准确预报中尺度天气的前提，也是预防和降低气象灾害的科学保证（高守亭等，2013）。中尺度天气系统的典型特征为：非地转平衡、非静力平衡、复杂的湿物理过程，也正是这些特点使得中尺度动力学研究更为复杂（王文等，2003；高守亭，2007）。一直以来，中尺度动力学研究受到三方面的挑战：一是由于高时空分辨率的观测资料缺乏，使得对中尺度系统结构和演变规律的认识受到限制；二是中尺度天气是不同尺度运动系统共同作用造成的，不同尺度天气系统相互作用的物理机制还有待进一步研究；三是中尺度系统的演变和发展过程中伴随着复杂的湿物理过程，而对这些湿物理过程的认识，尤其是湿物理过程对中尺度系统反馈作用的认识还不是很深刻，如何合理地考虑水汽等湿物质作用仍然是理论研究和模式发展面临的重大难题。

近十多年来，大气科学基础理论的研究进展，高速度和大容量存储计算机及其高效并行计算方法的快速发展，加速了高分辨率非静力数值模式的发展，例如 MM5（Dudhia，1993）、WRF（Skamarock et al.，2008）、COSMO－DE（Steppeler et al.，2003）、AROME（Seity et al.，2010）等。这些高分辨率非静力数值模式的构造是基于精确的大气原始方程组，并考虑了完整的大气物理过程（例如水汽相变、辐射、边界层混合、耗散等），同时可以显式地预报大气中的各种湿物质（包括水汽、云水、雨水等）。数值模式的发展不仅提高了数值预报水平，同时模式输出的高分辨率结果也在一定程度上缓解了缺乏高时空分辨率观测资料的限制，为中尺度天气系统的动力学机理研究提供了一条可行的途径（Zhang et al. 2002，2003，2006；Tan et al.，2004；Bei 和 Zhang，2007；赵玉春等 2011）。Zhang 等（2002）基于 MM5 模式成功模拟了发生于美国东海岸的一次暴雪过程，其控制试验较好地再现了快速气旋发展和伴随的降水特征，并在此基础上研究了其可预报性问题；Bei 和 Zhang（2007）利用 MM5 模式较好地模拟了一次梅雨期大暴雨过程，并研究了其中尺度系统可预报性；Plougonven 和 Snyder（2007）基于中尺度 WRF 模式模拟了不同类型的斜压波系统，研究了急流和锋面激发的重力惯性波结构；赵玉春等（2011）基于 WRF 模式研究了典型梅雨锋系统的多尺度结构特征；Schemm 等（2013）基于 COSMO-DE 模式模拟了湿斜压波系统，研究了暖湿输送带的形成。尽管当前的数值模式已经可以在一定程度上模拟出许多实际天气系统的中尺度特征，但是这些天气系统发展的中尺度动力学机理还不是十分清楚。这些中尺度天气系统虽然在性质、结果和发展机理方面有差异，但本质上都发生在非静力的湿大气中，属于湿大气动力学研究的范畴。因此，要想进一步弄清楚这些系统的发生、发展机理，首先要深入研究中尺度非静力湿大气理论。

相对非静力湿大气，人们对干静力平衡大气的理论研究要深入得多。适用于干静力平衡大气的理论有很多，其中具有代表意义的有位涡理论、有效能量学理论等。位涡是大气中的重要热力学和动力学综合参数；在绝热、无摩擦的干大气中位涡具有保守性和可反演性，正是由于位涡具有这些性质，使得这个物理量被广泛地用于大尺度大气运动的诊断分析。能量转换和守恒定律是自然科学中物质运动遵循的普遍规律。本质上，天气系统的演变过程可看成是大气能量传播、累积和释放的过程，大气中不同形式能量的转换和不同尺度能量的串级直接关系着中尺度系统的发展以及中尺度天气的强度。因此，从能量学角度研究大气运动规律是大气科学研究的一种有效方法。但是，已有的这些理论显然都不能直接应用于非静力湿大气，因为实际大气中，天气系统的演变都伴随着水汽的相变及潜热的释放等物理过程，这些湿物理过程会破坏位涡的守恒性质，同时潜热加热对系统的能量循环也有重要的贡献。

除了具有非静力、湿的特点以外，大气运动还有一个重要的特点，即多尺度特征。从波动的角度，张铭等(2008a，2008b，2010，2013)通过频谱分析，对不同尺度的大气波动做了系列的研究工作，揭示了不同尺度波动的性质及其不稳定条件，并将理论成果应用于暴雨、热带气旋和亚洲季风的研究中。从能量的角度看，中尺度系统的发展必然伴随着中尺度动能的增加，而动能的来源有两种可能的方式：一种是其他形式的中尺度能量向中尺度动能的直接转换；另一种是大尺度或小尺度动能向中尺度动能的串级输送。但是，以往的能量学理论多从整体上研究系统的能量转换规律，并不能揭示不同尺度的能量转换规律、不同尺度间能量的串级规律以及不同高度层能量的垂直输送规律。这些问题实质上属于大气能量谱分析(spectral analysis)的研究内容，同时也构成本研究的重点。大气能量作为描述大气状态的物理量，对其进行谱分析在天气过程发展机理和预报研究中都有重要的作用。理论上，谱分析可以为研究大气能量循环提供更多的物理视角(Fjørtoft，1953)，是认识大气运动规律的有效方法。但是过去的能量谱理论基本上都是基于静力平衡大气发展的(Koshyk 和 Hamilton，2001；Waite 和 Snyder，2009)，而且对湿物理过程的考虑还很不全面(Hamilton et al.，2008；Waite 和 Snyder，2013；Augier 和 Lindborg，2013)，因此，湿物理过程以及非静力作用对中尺度系统能量串级和能量转换的影响还不是十分清楚，迫切需要开展非静力湿大气能量谱理论研究。

1.2 湿大气相关理论研究进展

大气运动基本方程组是一切大气科学研究的出发点，也是各种大气动力学理论的基础，例如前面提到的位涡理论和有效能量学理论。不同于干大气动力学，研究湿大气动力学首先要确定如何正确地描述水汽以及凝结物的作用。由于位温的保守性，干大气动力学控制方程中常采用其作为热力学状态变量。为了确定湿空气的热力学属性，科学家推荐了各种不同的位温参数来描述湿空气。例如，Ninomiya (1984)建议在研究梅雨锋系统时采用相当位温(θ_e)；Tripoli 和 Cotton (1981)使用一个所谓的"冰-液态水位温(ice-liquid water potential temperature)"来描述深对流云系统中的热动力过程。显然，干位温只适合于干大气，而相当位温只适用于饱和湿大气，考虑到实际大气往往是处于含有水汽的非均匀饱和状态，Gao 等(2004)发展了广义位温概念(θ_g)。这些不同形式的湿位温定义在一定程度上体现了水汽对湿空气热力学属性的作用,相应的研究也增强了人们对水汽作用的重视(Cho 和 Cao,1998; Zhang et al.,2002)。但是这些湿位温存在一个共同的缺陷,即虽然它们都是从热力学角度在一定的假设下得到的,但是它们不满足最基本的湿空气状态方程。因此,这些湿位温形式无法作为基本状态变量来描述湿空气基本控制方程组。无疑,如何确定合适的湿大气状态变量,仍然是制约湿大气动力学理论发展的基础问题,这自然也在一定程度上限制了湿位涡理论和湿有效能量理论的发展。

1.2.1　湿位涡理论

Etrel (1942) 首次给出了斜压干大气中位涡的一般形式:

$$P_{\mathrm{d}} = \alpha_{\mathrm{d}} \zeta_a \cdot \nabla_3 \theta \tag{1.1}$$

其中,α_{d} 和 θ 是干空气的比容和位温,$\zeta_a = 2\boldsymbol{\Omega} + \nabla_3 \times \boldsymbol{v}$ 是三维绝对涡度矢量,$\boldsymbol{v}$ 是三维速度矢量,$\boldsymbol{\Omega}$ 是地球自转角速度矢量,$\nabla_3 = (\nabla, \partial_z)$ 为三维梯度算子。在绝热、无摩擦的大气中干位涡具有保守性和可反演性。正是由于位涡具有这些性质,使得这个物理量被广泛地用于大尺度大气运动的诊断分析。然而实际大气中,天气系统的演变都伴随着水汽的相变及潜热的释放等物理过程,这些湿物理过程会破坏位涡的守恒性质。因此,基于位涡研究湿大气中天气系统演变的前提是:合理地将 Etrel 干位涡的概念拓展到湿大气中。

Bennetts 和 Hoskins (1979)首次利用相当位温 θ_{e} 替换 θ 定义了相当位温湿位涡(简称相当位涡)

$$P_e = \alpha \zeta_a \cdot \nabla_3 \theta_{\mathrm{e}} \tag{1.2}$$

其相应的变化方程为

$$\mathrm{d}P_e/\mathrm{d}t = \alpha(\nabla_3 p \times \nabla_3 \alpha) \cdot \nabla_3 \theta_{\mathrm{e}} + \alpha \zeta_a \cdot \nabla_3 \dot{\theta}_{\mathrm{e}} + \alpha(\nabla_3 \times \boldsymbol{F}) \cdot \nabla_3 \theta_{\mathrm{e}} \tag{1.3}$$

其中,$\boldsymbol{F}$ 为摩擦强迫矢量,p 和 α 分别是湿空气的气压和比容,$\dot{\theta}_{\mathrm{e}} \equiv \mathrm{d}\theta_{\mathrm{e}}/\mathrm{d}t$ 代表总的非绝热加热。相当位涡的概念已广泛用于研究斜压系统中的条件对称不稳定——锋面雨带形成的一种可能机制(Emanuel,1979,1983,1988)。Cao 和 Cho(1995)通过数值试验进一步诊断了温带气旋中湿位涡的产生,指出在三维湿绝热无摩擦流中,当斜压矢量与水汽梯度的夹角小于(大于)90° 时负(正)的湿位涡产生。湿位涡方程在 Cao 和 Cho (1995)的研究中得到进一步发展:

$$\mathrm{d}P_e/\mathrm{d}t = A_e(\nabla_3 \theta \times \nabla_3 p) \cdot \nabla_3 q + \alpha \zeta_a \cdot \nabla_3 \dot{\theta}_{\mathrm{e}} + \alpha(\nabla_3 \times \boldsymbol{F}) \cdot \nabla_3 \theta_{\mathrm{e}} \tag{1.4}$$

其中,q 是比湿,A_e 是位温、气压和比湿的函数,其形式相当复杂。

值得注意的是,使用相当位温等价于假定了大气状态是完全饱和的,而实际上,在中尺度对流系统中,大气既非绝对干的,也非绝对饱和的,而是处于典型的非均匀饱和状态。为了解决这一矛盾,Gao 等(2004)通过引入凝结概率函数 $(\frac{q}{q_s})^k$,定义了广义位温

$$\theta_{\mathrm{g}} = \theta \exp\left[\frac{Lq_s}{c_p T}\left(\frac{q}{q_s}\right)^k\right] \tag{1.5}$$

其中,c_p 是干空气定压比容,L 是水汽凝结潜热率,q_s 是饱和比湿;k 是气压、温度、比湿和凝结核密度的函数。一般地,k 取大于 1 的常数;王兴荣等(1999) 推荐取 $k = 9$ 。利用 θ_{g} 取代位温 θ,就得到了广义湿位涡(GMPV)

$$P_{\mathrm{g}} = \alpha \zeta_a \cdot \nabla_3 \theta_{\mathrm{g}} \tag{1.6}$$

在饱和或接近饱和的条件下,基于凝结函数定义的广义湿位涡是有效的,但是在没有凝结

或相对湿度较低的情况下其应用是受限的(Gao et al.,2004)。湿度梯度大的区域虽然容易形成降水,但大的湿度梯度并不是降水发生的充分条件。也就是说,降水中心与湿度梯度大值中心并不完全重合。广义湿位涡可能过分地强调了接近饱和区域湿度梯度的作用。

由于相当位温是饱和湿大气的基本量,并不能严格反映真实大气的非均匀饱和属性,所以为了使位涡倾向方程真实反映湿位涡产生机制,特别是反映湿度梯度和非绝热作用对湿位涡的贡献,基于相当位温定义的湿位涡形式变得越来越复杂,而且在推导倾向方程时,不可避免地引入了一些近似或半经验半理论参数。另外,Schubert 等 (2001)曾指出基于相当位温定义的湿位涡不满足可反演原则。

基于 Ooyama (1990, 2001)提出的湿非静力模式,Schubert 等(2001)定义了一种形式的虚位温

$$\theta_v = \frac{p}{\rho R_d}\left(\frac{p_0}{p}\right)^{R_d/c_{pd}} \tag{1.7}$$

其中,$\rho = \rho_d + \rho_v + \rho_c + \rho_r$ 为全密度,ρ_v、ρ_c、ρ_r 分别对应水汽密度、云水密度和雨水密度;并证明了在湿位涡方程中使用虚位温 (θ_v) 可以消除力管项,即

$$\nabla_3\theta_v \cdot (\nabla_3\rho \times \nabla_3 p) = 0 \tag{1.8}$$

用 θ_v 定义的新湿位涡即为虚位温位涡(简称虚位涡),其表达式为:

$$P_\rho = \rho^{-1}\zeta_a \cdot \nabla_3\theta_v \tag{1.9}$$

同时相应的湿位涡方程为:

$$\mathrm{d}P_\rho/\mathrm{d}t = \rho^{-1}[(\nabla_3 \times \boldsymbol{F}) \cdot \nabla_3\theta_v + \zeta_a \cdot \nabla_3\dot{\theta}_v + P_\rho \nabla_3 \cdot (\rho_r \boldsymbol{U})] \tag{1.10}$$

其中,$\boldsymbol{U}$ 为雨水物质相对于湿空气的速度矢量,且 $\dot{\theta}_v = \mathrm{d}\theta_v/\mathrm{d}t$ 。

随后,Bannon(2002)基于多成分流和多相态流的理论深入研究了湿对流模式的理论基础,并得出根据湿空气密度 (ρ_m) 和虚位温 (θ_v) 可以将 Etrel 干位涡扩展到湿大气,其将湿位涡进一步定义为:

$$P_v = \rho_m^{-1}\zeta_a \cdot \nabla_3\theta_v \tag{1.11}$$

其中,$\rho_m = \rho_d + \rho_v$ 为湿空气密度,$\theta_v = \frac{p}{\rho_m R_d}\left(\frac{p_0}{p}\right)^{\frac{R_d}{c_{pd}}} \approx (1 + 0.61q_v)\theta$ 为虚位温。

其相应的湿位涡方程为:

$$\mathrm{d}P_v/\mathrm{d}t = \rho_m^{-1}\{\zeta_a \cdot \nabla_3\dot{\theta}_v + \nabla_3\theta_v \cdot [\nabla_3 \times (\dot{\boldsymbol{u}}_m \rho_d/\rho_m)] - \rho_m^{-1}\zeta_a \cdot \nabla_3\theta_v\dot{\rho}_v\} \tag{1.12}$$

式中,$\dot{\theta}_v \equiv \mathrm{d}\theta_v/\mathrm{d}t$,$\dot{\boldsymbol{u}}_m$ 代表湿空气净的微物理通量强迫,$\dot{\rho}_v = \mathrm{d}\rho_m/\mathrm{d}t + \rho_m \cdot \nabla \boldsymbol{u}$ 代表水汽的源/汇项。注意,式中忽略了摩擦的作用。

显然,式(1.10)和(1.12)是有着明显区别的。Bannon(2002)指出,这种区别的本质在于 Schubert 等(2001) 忽略了水汽凝结物与湿空气的速度差异。事实上,Schubert 等(2001) 与 Bannon(2002) 分析问题的角度是不一样的,前者以湿大气整体作为研究对象,而后者则把湿大气分为湿空气和凝结物两部分。

以虚位温定义的湿位涡虽然理论严谨,且保持了可反演性,但却不能显式地体现湿度梯度对位涡的作用,而且虚位涡倾向方程中还含有额外的水汽源汇项,这使得其应用受到限制。

1.2.2 湿有效能量理论

天气系统的发展演变伴随着大气能量的传播、累积和释放。早在 20 世纪 50、60 年代,谢

义炳(1956)、陶诗言(1963)等气象学家就从大气能量时空分布、收支转换的角度开展了研究工作(雷雨顺,1978;Yu,1999;张苏平等,2006)。他们发现,利用能量方法研究暴雨等中尺度灾害性天气过程可揭示出许多重要的现象。

并不是所有的位(势)能(重力势能+内能)都能转换为动能。位能中能够有效转换为动能那一少的、活跃的部分称为有效位能(APE)。基于 Margules(1910)的工作,Lorenz(1955)首先发展了有效位能理论,其初衷是研究满足静力平衡的全球干大气的能量循环问题。他还进一步推导了有效位能的近似表达式,即有效位能正比于位温扰动的水平方差。从那以后,Lorenz(洛伦兹)有效位能的概念就成了研究大气能量循环的一个主要架构,在此基础上,中外学者做了大量的工作(Boer,1989; Siegmund,1994; 罗连升和杨修群,2003;Steinheimer et al.,2008; Boer 和 Lambert,2008; Marques 和 Castanheira,2012; Zuo et al.,2012)。但是,由于 Lorenz 有效位能具有全球属性,其在有限区域能量学研究中的应用受到一定的限制。为了研究局地能量循环和转换,Holliday 和 McIntyre(1981)引入了有效位能密度的概念来刻画不可压缩层结流体中的局地有效能量。几乎同时,Andrews(1981)进一步发展了可压缩非静力流体中的局地有效位能密度的理论,并得到另一种形式的有效能量,即有效弹性能。但是,Andrews 的结果受限于可逆绝热过程。近年来,中国学者针对局地环流能量转化问题也开展了一系列工作。李建平和高丽(2006)提出了扰动位能概念,并利用 NCEP(美国国家环境预报中心)再分析资料诊断了扰动位能一阶矩项与大气动能的联系,指出两者成负相关。汪雷等(2012)进一步推导了大气分层扰动位能控制方程,并将其运用于中国南海季风活动的能量收支分析。扰动位能拓展了 Lorenz 有效位能理论在局地能量收支中的运用,适合于局地气候学研究。然而其推导过程仍然基于静力平衡关系,而且没有考虑水汽的作用,因此,不适用于非静力湿大气中的中尺度系统研究,特别是对流性天气系统的能量分析。

为了研究湿大气中动能的产生问题,Lorenz(1978)做了最初的尝试,提出了湿有效能量(moist available energy)的概念,并基于图解技术评估了其演变。然而 Mchall (1989) 认为实际大气中图形方法的应用是极度繁琐的,并且他指出在 Lorenz (1978) 的研究中所采用的物理机制可能不太符合降水系统的观测事实。随后,Mchall (1990) 用相当位温 (θ_e) 取代了 Lorenz 有效位能公式中的位温 (θ),定义了一个广义有效位能。但是,使用相当位温相当于假定湿空气中的水汽全部凝结并释放潜热,这显然偏离了实际情况,且会在一定程度上夸大相变潜热的作用。最近几年(Pauluis 和 Held,2002a,2002b; Googy,2003)通过分析湿大气的熵收支,湿过程的作用得到了进一步的探索。这些结果指出利用干大气的理论框架研究湿大气的能量循环是不合理的,因为湿大气中伴随着水汽的输送和水物质的循环(例如,相变、降水)。为了进一步发展湿大气有效能量理论,针对可压缩的、多成分流体,Bannon(2005)发展了一个新的关于局地有效能量的推导。在他的研究中,其发展的局地有效能量概念历史上称之为"Exergy"(Marquet,1991; Kucharski,1997)。其研究结果表明总的有效能量随着水汽含量的增大而增大;并且,在他的这项研究中,有效能量被分为三个部分:有效位能、有效弹性能和有效化学能。在此基础上,他又开展了一系列关于大气有效能量的深入研究工作(Bannon,2012, 2013),但是,在他的这些研究中,定义有效能量所采用的参考态都要求是等温且满足静力平衡。因此,Bannon 的局地有效能量理论的应用是存在局限性的,因为事实上由于其分子热转移(molecular heat transfer) 很小,地球大气可以长时间维持稳定的温度层结(Kucharski,2001),并且当大气处于这样的参考态时,没有能量能够有效地转换为动能(Van Mieghem,

1956)。Pauluis(2007)推广了Lorenz干有效位能理论框架,并显式地推导出湿大气中有效位能的源和汇的分析表达式。遗憾的是,他未能像Lorenz有效位能定义一样,明确地给出具有平方和正定性质的湿有效位能的解析表达式。而且,正如作者自己指出的,他的研究结果仍然局限于静力平衡大气。因此,Pauluis(2007)的湿有效位能理论并不能直接地用于强对流发生的大气中。

以上这些回顾说明了进一步发展适用于一般湿大气的有效能量理论的必要性。值得注意的是,前面所提到的有效能量理论都是建立在物理空间上的,并不能直接揭示不同尺度之间能量串级的规律,也就是不能从能量演变的角度揭示大气运动的多尺度相互作用机理。为了能够更好地揭示不同尺度系统的能量循环规律,尤其是中尺度系统的能量来源,必须进一步在波数谱空间下研究湿有效能量理论,建立谱空间下的能量收支方程,进而研究不同尺度系统能量的分布以及形成这种分布的动力学机理,这就涉及本研究的重点内容,即中尺度能量谱动力学机理研究。

1.3　中尺度能量谱研究进展

1.3.1　观测事实

能量谱(energy spectra),即能量在不同尺度(或波数)上的分布。大量观测事实(Nastrom和Gage,1985; Lindborg,1999; Cho和Lindborg,2001)表明在对流层高层和平流层低层中,大气水平动能谱在中尺度范围(20～2000 km)上表现为具有不同斜率的两个区域(图1.1)。

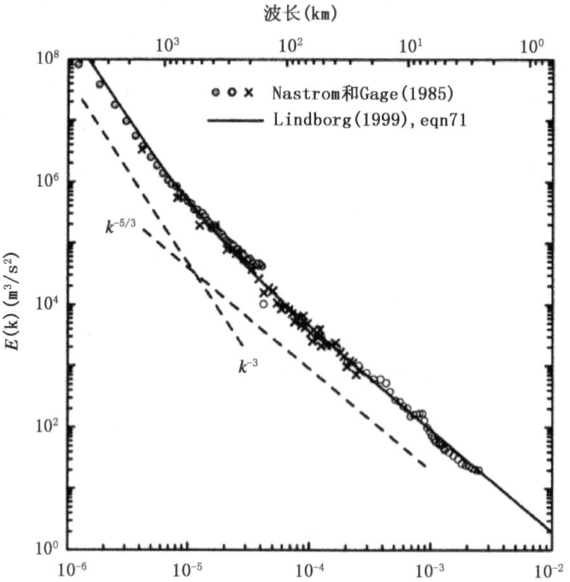

图1.1　Nastrom和Gage (1985)基于GASP飞机观测资料分析得到的大气水平动能谱(符号),简称Nastrom和Gage谱,与Lindborg(1999)基于MOZAIC飞机观测资料拟合得到大气参考谱线(实线),简称Lindborg(1999)参考谱线。引自Skamarock (2004)

在中尺度范围低端，即对应波长近似小于 500 km 的波数范围上，动能随波数的变化比较平缓，其动能谱斜率近似为－5/3，即 $E_h \propto k_h^{-\frac{5}{3}}$；而在尺度近似大于 500 km 的波数范围上，其动能谱斜率则近似为－3，即 $E_h \propto k_h^{-3}$（这里 k_h 是总水平波数）。观测的动能谱 k_h^{-3} 分布符合地转湍流理论（Charney，1971；Boer 和 Shepherd，1983），而关于大气中尺度动能谱 $k_h^{-5/3}$ 特征的动力学机制解释至今仍然是一个具有重大争议的科学问题（Lindborg，2005，2007；Tulloch 和 Smith，2009）。除了大气动能谱以外，大气有效位能谱也表现出了相似的谱转折特征。

1.3.2　湍流理论解释

对于中尺度－5/3 谱分布，过去的研究倾向于用基于惯性湍流假设的串级理论来解释，并提出了两种完全不同的观点：一种是基于二维湍流理论（Kraichnan，1967）或准两维（层结）湍流（Gage，1979；Lilly，1983）的升尺度能量串级（inverse energy cascade），即在中尺度范围上能量由较小尺度向较大尺度转移；另一种是基于三维湍流理论（Kolmogorov，1941）的降尺度能量串级（direct energy cascade）。由于形成升尺度能量通量的小尺度能量源很难被识别，所以大量的研究多针对降尺度机制，且研究结果表明，非线性相互作用的惯性重力波（Dewan，1979；VanZandt，1982；Smith et al.，1987）、准地转动力学（Tung 和 Orlando，2003；Gkioulekas 和 Tung，2005a，2005b）、表面准地转动力学（Tulloch 和 Smith，2009）、具有强的层结的各向异性湍流（Lindborg，2006）等都有可能是产生降尺度能量串级的物理机制。但是，尽管如此，还是没有足够的理由说明在中尺度范围上只有降尺度能量串级过程存在，升尺度能量串级仍然可能是中尺度能量谱形成的一种机制，特别是对于暴雨等强对流系统，由于小尺度的反馈作用，升尺度能量串级更是不能忽视的。Lilly（1983）指出衰退的对流云体和雷暴云毡泻流可以提供这些小尺度能量源。Gkloulekas 等（2007）指出在统计平衡条件下，强迫耗散二维（2D）湍流中，能量的升尺度输送占主导。

本质上，关于能量串级输送的观点都暗含了中尺度谱段是理想的湍流惯性运动，中尺度上没有显著的能量源或汇（Waite 和 Snyder，2013），也就是说动能以保守的方式依次地向越来越小或者越来越大的尺度转移。但是，中尺度系统中许多物理过程都具有增加或减少中尺度动能的潜力，这些物理过程包括潜热的释放、重力惯性波的垂直传播、边界层拖曳、辐射冷却等。这些物理过程不仅可以直接给中尺度系统注入能量，而且如果这些过程足够强，它们甚至可能影响能量串级的方向。因此，基于湍流理论的研究结果显然不能很好地解释实际大气中尺度能量谱的特征，特别是对于具有各向异性的锋面系统。

1.3.3　数值模拟研究

早期的数值模拟研究在一定程度上受到了湍流串级理论的影响，研究的重点也集中于揭示中尺度范围上能量串级的方向。在 20 世纪 90 年代以前，大部分数值模拟研究的目的是调查层结湍流中升尺度能量串级的可能性：Herring 和 Métais（1989）设计了具有稳定强迫的层结湍流数值模式，不过他们并没有成功地模拟出升尺度能量串级过程。Métais 等（1996）和 Bartello（1995）的研究表明，在具有足够强的旋转和层结的湍流数值试验中可以模拟出明确的升尺度能量串级过程和中尺度的－5/3 谱斜率特征。Lindborg 和 Cho（2001）基于观测数据利用三阶结构函数（third-order structure function）分析指出，在平流层低层水平尺度[10，100 km]上降尺度能量串级占主导。此后，一些数值模拟研究关注的焦点开始转向层结湍流中降尺度能量串级过程(Waite 和 Bartello,2004; Kitamura 和 Matsuda,2006; Lindborg 和 Brethouwer,2007)。

此外,还有一些数值模拟研究是基于准地转(QG)或者表面准地转(SQG)模式开展的。Tung 和 Orlando (2003) 设计了一个两层准地转(QG) 模式来研究大气能量谱的形成,在他们所设计的模型中只考虑了天气尺度上斜压能量的注入,模拟结果表明注入的能量一部分升尺度串级到行星尺度,一部分降尺度串级到更小的尺度,而模拟得到的能量谱很好地模拟出了观测谱的斜率转折特征。因此他们推断准地转(QG)动力学足以用来解释观测谱的形成。但是正如作者自己指出的由于其所设计的模型中没有包含其他可能的机制,因此他们的结果并不能用来排除其他可能的解释,例如重力波的产生以及小尺度上能量源的强迫。Lindborg (2007)研究了对流层高层和平流层低层中垂直涡度和水平散度的水平波数谱,发现二者在中尺度范围上具有同等强度的量级。因为在准地转近似中散度谱为 0,所以这一事实排除了准地转理论解释中尺度能量−5/3 谱的可能性。

过去十年里,中尺度能量谱包括谱转折特征已经在许多大气数值模拟中被模拟出来,这些模拟使用的数值模式包括全球模式(Koshyk 和 Hamilton,2001; Takahashi et al.,2006; Hamilton et al.,2008)和有限区域模式(Skamarock,2004; Skamarock 和 Klemp,2008)。更近期地,大气环流模式(GCMs) (Terasaki et al.,2009) 和中尺度数值天气预报(NWP)模式(Bierdel et al.,2012; Ricard et al.,2012)均成功地模拟出了相当真实的中尺度能量谱。这些复杂的大气数值模式为研究中尺度−5/3 能量谱的物理产生机制提供了一个便利的框架。

Koshyk 和 Hamilton (2001) 通过高分辨率的大气环流模式研究了全球动能收支,指出动能倾向的贡献主要来源于非线性过程、有效位能的转换、次网格耗散等,且垂直能量通量在中层大气的动能收支中有重要作用。Takahashi 等(2006) 研究了谱模式 AFES (Atmospheric GCM for the Earth Simulator) 模拟的动能谱,结果表明 AFES 同样有能力模拟出实际大气的中尺度谱特征;基于这个模式他们还研究了模拟的动能谱对耗散的依赖性。在 Takahashi 等(2006) 工作基础上,Hamilton 等(2008) 进一步考察了 AFES 模式模拟的中尺度能量谱对湿对流参数化过程的依赖性,并得出对流层中的中尺度能量谱与降水有关的结论。

可见,随着高分辨率数值模式的发展,中尺度能量谱的研究已不再仅仅考虑中尺度范围上能量串级方向,而是涉及到可能影响中尺度能量谱的各个方面,包括湿物理过程、重力波传播、大气耗散、地形强迫等。

近年来,Waite 和 Snyder (2009)基于 WRF 模式研究了理想干斜压波系统的中尺度动能谱特征,发现惯性重力波的垂直传播对中尺度谱的形成有重要的作用。通过分析动能谱的倾向方程发现,平流层低层动能谱不只是由降尺度能量串级控制,而且还受到与垂直传播的惯性重力波相关的垂直气压通量散度的影响。他们总结出,对于理想干斜压波系统,中尺度动能谱发展和演变是由以下三个相互作用的现象造成的:(1)通过自发射(spontaneous emission)机制激发重力惯性波,主要发生在对流层高层;(2)通过非线性作用填充对流层高层动能谱;(3)通过波动垂直传播增强平流层低层谱。需要指出的是,干斜压波模拟的中尺度动能谱只在平流层低层表现出了谱转折特征。Waite 和 Snyder (2009) 将这一原因归结为湿物理过程的缺失。随后,Waite 和 Snyder (2013) 进一步考虑了包含湿过程的斜压波模拟,通过对比干湿斜压波模拟的中尺度动能谱,发现湿过程能显著加强对流层高层中尺度动能谱,尤其是增强散度分量。

尽管中尺度动能谱的动力学机理还没有形成统一的认识，但是动能谱作为检验数值模式性能的有效工具已经被越来越多的模式开发者认同。Skamarock (2004) 利用动能谱评估了 WRF 模式的有效分辨率(7 倍水平格距)、“spin－up”(起转)时间以及不同耗散方案对模式有效分辨率的影响。郑永俊等(2008)评估了 GRAPES 模式的动能谱特征，发现其能很好地模拟出中尺度－5/3 谱转折特征，并指出其有效分辨率为 5 倍水平格距。Ricard 等(2012) 评估了两个有限区域对流模式 AROME 和 Meso-NH 的动能谱特征，发现 AROME 模式的有效分辨率比 Meso-NH 模式要粗，这一结果暗示了 AROME 模式所采用的半隐式半拉格朗日方案的隐式耗散作用更大。Bierdel 等(2012) 评估了有限区域对流数值模式 COSMO-DE 的动能谱，指出其有效分辨率为 4～5 倍水平格距。实际上，早在 1979 年，曾庆存在《数值天气预报的数学物理基础·第一卷》中就已经指出能谱的统计特征是最基本的规律之一，数值模式能谱的统计特征与实际大气是否相符可以用来评估数值模式本身及其计算格式的优劣。不过需要指出的是，即使模式模拟的动能谱与观测谱匹配，也并不能断定模拟是真实的，因为这只是一个必要条件而非充分条件。换句话说，数值模式也可能因为错误的原因模拟出了观测谱(Skamarock et al.，2014)。这也说明了，只计算动能谱对评估模式是不够的，还应该分析其模拟的动能谱形成的动力学机理。这样才能更深刻地揭示不同模式动力框架的差异以及数值计算方案的优劣，为数值模式的开发和改进提供指导。

因此，不论是为了揭示中尺度能量谱形成机理，发展和完善非静力湿大气的能量理论，还是为了建立数值模式模拟能力的检验工具，发展和完善数值模式的动力学评估方法，研究非静力湿大气中尺度能量谱理论都有着重要的科学意义。

1.4　存在问题

大气中尺度能量谱动力学是大气动力学，特别是中尺度动力学研究的主要内容之一，研究中尺度能量谱形成的机理是揭示中尺度系统发生、发展机理的新视角。从已有的工作可知，大气中尺度能量谱的动力学形成机理至今仍然是一个具有重大争议的科学问题，而且越来越多的研究已经表明，基于惯性湍流假定的纯串级理论并不能全面地解释实际大气中尺度能量谱的特征。过去研究能量谱的理论框架还不能完善地描述实际大气的情况，这种理论框架的局限性严重地限制了研究结果的全面性。这些局限性主要表现在以下四方面：首先，大多数的研究都关注于干大气的情况，没有考虑水汽和凝结物的作用 (Augier 和 Lindborg，2013)，只有少数的研究考虑了湿过程在建立中尺度能量谱中的作用(Hamilton et al.，2008；Waite 和 Snyder，2013)；其次，大多数研究只考查了动能的谱收支，忽略了对动能收支有重要贡献的有效位能的谱收支(Koshyk 和 Hamilton 2001；Waite 和 Snyder，2009)；再次，非线性谱通量的定义没有将能量垂直通量从能量串级中分离出来，这导致非线性谱通量不满足保守性，故中尺度能量串级不能精确地被确定(Koshyk 和 Hamilton，2001；Brune 和 Becker，2013)；最后，大多数研究的能量谱收支理论建立在干静力框架上，这显然不适合于研究中尺度对流系统。

实际大气中存在着复杂的物理过程，特别是对于中尺度系统的发展，必然伴随着强对流运动及其潜热释放。这些过程必然对大气运动造成复杂的热力和动力强迫，所以研究中尺度能量谱形成的机理，必须基于非绝热、非静力和可压缩湿大气的动力学理论框架，研究湿物质相变、重力波传播、大气耗散等物理过程对能量谱形成的作用。这就要求必须基于非静力湿大气运动控制方程导出各种能量收支方程以及能量谱收支方程，这是完全理解实际大气中尺度能量谱动力学机理的基础。

实际研究中，对非静力可压缩湿大气运动方程及其能量收支方程，还没有方法能够直接地求解析解，对于方程的诊断，又缺乏高时空分辨率的观测资料。然而，随着全面考虑各种物理过程的高分辨率非静力数值预报模式的发展，模式的模拟结果越来越接近实际大气，而且数值模式还具有针对研究目的灵活设计敏感性试验的优势，这为中尺度能量谱分布特征及其形成机理研究提供了有利的工具。基于数值模式输出的高分辨率结果，定量诊断能量谱收支方程是研究能量谱形成机理的有效途径。

能量谱收支理论实际上是局地有效能量理论在波数谱空间的拓展，而目前已有的局地有效能量理论应用到非静力湿大气中时都存在一定的局限性。因此，发展能量谱收支理论，首先需要进一步发展非静力湿大气局地有效能量理论。所以，以下研究成果是以中尺度能量谱为切入点，以解释中尺度$-5/3$谱斜率形成机理为牵引，在非静力可压缩湿大气理论框架下，定义了局地湿有效位能、有效弹性势能和湿物质重力势能，发展了湿大气运动方程和各种能量收支方程，推导了能量谱收支方程，以中纬度的典型天气系统——斜压波系统和对中国夏季洪涝有重大影响的梅雨锋系统为例，研究了中尺度能量谱的分布特征及动力学形成机理。

第 2 章　非静力可压缩湿大气运动控制方程

大气运动控制方程是大气动力学研究的基础。本章的目的在于给出一套改进的描述非静力可压缩湿大气运动的控制方程组，为后文的研究奠定基础。

2.1　修改位温的引入

假定一般湿大气成分由干空气、水汽、云水、云冰、雨水等组成。记 $q_j = q_v, q_c, q_i, q_r, \cdots$ 分别代表云水汽 (q_v)，云水 (q_c)、云冰 (q_i)、雨水 (q_r)，以及任意其他凝结物的混合比(mixing ratio)。注意，这里混合比定义为单位质量干空气中所含湿物质的质量。总的混合比 (q_t) 由 $q_t = q_v + q_c + q_i + q_r + \cdots$ 给出。记 ρ_d 为干空气密度，则湿大气的全密度为 $\rho = \rho_d(1 + q_t)$。

定义无量纲气压(Exner pressure)：

$$\pi = \left(\frac{p}{p_0}\right)^{R_d/c_p} \tag{2.1}$$

则湿空气的状态方程可以表达为：

$$p = \rho_d R_d T + \rho_v R_v T = \rho_d R_d T\left(1 + \frac{R_v}{R_d} q_v\right) = \rho_d R_d \pi\theta[1 + (R_v/R_d)q_v] \tag{2.2}$$

其中，p 为气压，T 为温度，θ 为位温，ρ_d 为干空气密度，ρ_v 为水汽密度，R_d 为干空气气体常数，R_v 为水汽气体常数，c_p 为干空气的定压比热，p_0 为参考表面气压。

参照 Klemp 等(2007)，定义一个新的状态变量——修改的位温：

$$\theta_m = \theta\left(1 + \frac{R_v}{R_d} q_v\right) \approx \theta(1 + 1.61 q_v) \tag{2.3}$$

则湿空气状态方程可以进一步写成：

$$p = p_0\left(\frac{R_d \theta_m}{p_0 \alpha_d}\right)^{c_p/c_v} \tag{2.4}$$

或

$$\pi = (R_d \rho_d \theta_m / p_0)^{R_d/c_v} \tag{2.5}$$

其中，c_v 为干空气定容比热，$\alpha_d = 1/\rho_d$ 为干空气比容。

从数学的观点来看，变量 θ_m 是位温和水汽的非线性联合，且它完整地包含了水汽对湿空气状态的作用。从式(2.4)可以看出，θ_m 是在干空气比容不变的前提下，当干空气的气压等于给定的湿空气样本的气压时该干空气所具有的位温。在无摩擦的湿绝热大气中，如果没有相变发生，变量 θ 和 q_v 是守恒的，因此 $\theta_m = \theta(1 + 1.61 q_v)$ 自然也是守恒的。

2.2 改进的湿大气控制方程组

一般地，位温 θ 和 q_v 的控制方程分别可以写为：

$$\frac{d\theta}{dt}=S_\theta+D_\theta \tag{2.6}$$

和

$$\frac{dq_v}{dt}=S_{q_v}+D_{q_v} \tag{2.7}$$

其中，S_θ 和 S_{q_v} 分别代表微物理过程、积云参数化、辐射物理过程等对 $\frac{d\theta}{dt}$ 和 $\frac{dq_v}{dt}$ 的非绝热贡献；D_θ 和 D_{q_v} 分别代表 θ 和 q_v 的耗散项。

因此，对于修改的位温 θ_m，其控制方程可以写为：

$$\frac{d\theta_m}{dt}=(1+1.61q_v)\frac{d\theta}{dt}+1.61\theta\frac{dq_v}{dt}=H_m+D_m \tag{2.8}$$

其中，$H_m=(1+1.61q_v)S_\theta+1.61\theta S_{q_v}$ 代表联合的非绝热影响，其包含了对位温和水汽的非绝热贡献；$D_m=(1+1.61q_v)D_\theta+1.61\theta D_{q_v}$ 代表联合的耗散贡献。

为了进一步地阐明引入变量 θ_m 的好处，假设这样一种情形：在湿对流系统中只有水汽的凝结过程，且不考虑耗散以及其他的非绝热过程。在这样的情况下，式(2.6)可以简化为(Gao et al.，2004)：

$$\frac{d\theta}{dt}=-\frac{L_v}{c_p\pi}\frac{dq_v}{dt} \tag{2.9}$$

这里已经使用了关系 $T=\theta\pi$，L_v 为汽化潜热加热率。

而式(2.8)可以进一步写成：

$$\frac{d\theta_m}{dt}=-\frac{L_v(1+1.61q_v)}{c_p\pi}\frac{dq_v}{dt}+1.61\theta\frac{dq_v}{dt} \tag{2.10}$$

式(2.9)体现了大气能量循环的经典描述，即水汽仅仅作为一个额外的热源来考虑。然而，湿对流不仅仅只起着潜热加热源的作用，它还扮演着大气"减湿器"(atmospheric dehumidifier)的重要角色。湿对流的这两个方面作用已经被包含在方程(2.10)中，分别对应方程(2.10)右边的第一项和第二项。显然，这两项的符号总是相反的。换句话说，湿对流在多大程度上表现为大气"减湿器"的作用，那么它表现为大气"热机(heat engine)"的能力就削弱多少(Pauluis et al.，2002a)。此削弱作用的效率因子可以用方程右端两项的系数比值来简单评估，即

$$1.61\theta/[L_v(1+1.61q_v)/c_p\pi]=1.61c_pT/L_v \tag{2.11}$$

其中，$c_p=1004\ \mathrm{J/(K\cdot kg)}$，$L_v=2.5\times10^6\ \mathrm{J/kg}$。对于对流层中典型值 $T=280$ K，此效率因子近似为18%。

记 $A=(1+q_t)^{-1}$，考虑到总混合比 $q_t=1$，则有 $A=1-q_t$，从而可以得到 $\rho^{-1}=\rho_d^{-1}A$。则湿空气的气压梯度力项可以写为：

$$\begin{cases}-\rho^{-1}\nabla p=-\rho_d^{-1}A\nabla p\\ -\rho^{-1}\frac{\partial p}{\partial z}=-\rho_d^{-1}A\frac{\partial p}{\partial z}\end{cases} \tag{2.12}$$

因此，湿空气动量方程可以表达为：

$$\frac{\mathrm{d}\boldsymbol{u}}{\mathrm{d}t} = -\rho_{\mathrm{d}}^{-1} A \nabla p - f\boldsymbol{k} \times \boldsymbol{u} + D_u \tag{2.13}$$

$$\frac{\mathrm{d}w}{\mathrm{d}t} = -\rho_{\mathrm{d}}^{-1} A \frac{\partial p}{\partial z} - g + D_w \tag{2.14}$$

基于式(2.1)和式(2.2)，可以进一步推导用 π 和 θ_{m} 表示的气压梯度力，即

$$\begin{cases} -\rho_{\mathrm{d}}^{-1} A \nabla p = -c_p A \theta_{\mathrm{m}} \nabla \pi \\ -\rho_{\mathrm{d}}^{-1} A \dfrac{\partial p}{\partial z} = -c_p A \theta_{\mathrm{m}} \dfrac{\partial \pi}{\partial z} \end{cases} \tag{2.15}$$

综上，在 f 平面上的高度坐标系下，基于修改的位温 (θ_{m}) 和干空气密度 (ρ_{d})，非静力湿大气运动的控制方程组可以写成如下形式：

$$\frac{\mathrm{d}\boldsymbol{u}}{\mathrm{d}t} = -c_p A \theta_{\mathrm{m}} \nabla \pi - f\boldsymbol{k} \times \boldsymbol{u} + D_u \tag{2.16}$$

$$\frac{\mathrm{d}w}{\mathrm{d}t} = -c_p A \theta_{\mathrm{m}} \frac{\partial \pi}{\partial z} - g + D_w \tag{2.17}$$

$$\frac{\mathrm{d}\theta_{\mathrm{m}}}{\mathrm{d}t} = H_{\mathrm{m}} + D_{\mathrm{m}} \tag{2.18}$$

$$\frac{\mathrm{d}q_j}{\mathrm{d}t} = S_{q_j} + D_{q_j} \tag{2.19}$$

$$\frac{\mathrm{d}\rho_{\mathrm{d}}}{\mathrm{d}t} + \rho_{\mathrm{d}}\left(\nabla \cdot \boldsymbol{u} + \frac{\partial w}{\partial z}\right) = 0 \tag{2.20}$$

其中，$\mathrm{d}/\mathrm{d}t = \partial/\partial t + \boldsymbol{u} \cdot \nabla + w\partial/\partial z$ 为实质导数且 ∇ 为水平梯度算子，$\boldsymbol{u} = (u,v)$ 为水平速度矢量，w 为垂直速度，$\boldsymbol{k}$ 为垂直方向单位矢量，g 为重力加速度。D_φ 表示任意变量 φ 的耗散项(其中 φ 指代变量 $\boldsymbol{u}$，w，θ 等)。S_{q_j} 分别代表微物理过程、积云参数化、辐射物理过程等对 $\frac{\mathrm{d}q_j}{\mathrm{d}t}$ 的非绝热贡献。

如上，预报方程(2.16)—(2.20)和诊断方程(2.5)构成了一个完备的非静力完全可压缩湿大气系统，称之为“改进的湿大气控制方程组”。对于一般非静力湿大气，引入新变量 θ_m 具有两个独特的优点：(1)湿空气的状态完全由 ρ_{d} 、θ_{m} 两个独立的变量决定，而水汽的作用则完全体现在 θ_{m} 中；(2)干空气质量具有保守性，以干空气密度 (ρ_{d}) 作为状态变量，将会使得预报方程的求解变得方便。事实上，在 WRF 模式中大气运动控制方程组在一定程度上就采用了这种思想(Skamarock et al.，2008)。

2.3　控制方程组的扰动形式

设总的热力学变量可以分解为一个随时间不变、满足静力平衡且层结稳定的干参考态和相应的扰动：

$$p = \bar{p}(z) + p'; \pi = \bar{\pi}(z) + \pi'; \rho_{\mathrm{d}} = \bar{\rho}_{\mathrm{d}}(z) + \rho_{\mathrm{d}}'; \theta_m = \bar{\theta}(z) + \theta_{\mathrm{m}}' \tag{2.21}$$

其中，$\bar{\pi} = (\bar{p}/p_0)^{R_{\mathrm{d}}/c_p} = (R_{\mathrm{d}}\bar{\rho}_d\bar{\theta}/p_0)^{R_{\mathrm{d}}/c_v}$ 。考虑到干参考态满足静力平衡，有如下关系式：

$$\frac{\partial \bar{\pi}}{\partial z} = -\frac{g}{c_p\bar{\theta}} \tag{2.22}$$

将式(2.21)和(2.22)代入式(2.15),水平和垂直气压梯度力可以进一步简化成:

$$\begin{cases} -c_pA\theta_m \nabla \pi = -c_p\bar{\theta} \nabla \pi' \\ -c_pA\theta_m \dfrac{\partial \pi}{\partial z} = -c_p\bar{\theta} \dfrac{\partial \pi'}{\partial z} + \dfrac{\theta_m}{\bar{\theta}}g - gq_t \end{cases} \tag{2.23}$$

基于以上这些关系式,动量方程和修改位温的控制方程可以重新改写如下:

$$\frac{d\boldsymbol{u}}{dt} = -c_p\bar{\theta}\nabla\pi' - f\boldsymbol{k}\times\boldsymbol{u} + D_u \tag{2.24}$$

$$\frac{dw}{dt} = -c_p\bar{\theta}\frac{\partial \pi'}{\partial z} + \frac{\theta'_m}{\bar{\theta}}g - gq_t + D_w \tag{2.25}$$

$$\frac{d\theta'_m}{dt} = -w\frac{\partial\bar{\theta}}{\partial z} + H_m + D_m \tag{2.26}$$

接下来,我们推导无量纲气压的倾向方程。对式(2.5)先求对数再求导数可以得到:

$$\frac{c_v}{R_d\pi}\frac{d\pi}{dt} = \frac{1}{\rho_d}\frac{d\rho_d}{dt} + \frac{1}{\theta_m}\frac{d\theta_m}{dt} \tag{2.27}$$

使用精确的质量连续方程(2.20)和(2.21),可以得到:

$$\frac{c_v}{R_d\bar{\pi}}\left(1-\frac{\pi'}{\bar{\pi}}\right)\left(\frac{d\pi'}{dt} + w\frac{\partial\bar{\pi}}{\partial z}\right) + \left(\nabla\cdot\boldsymbol{u} + \frac{\partial w}{\partial z}\right) = \frac{H_m + D_m}{\bar{\theta}}\left(1-\frac{\theta'_m}{\bar{\theta}}\right) \tag{2.28}$$

考虑到假定 $\pi' \ll \bar{\pi}$ 和 $\theta'_m \ll \bar{\theta}$,式(2.28)可以简化成:

$$\frac{c_v}{R_d\bar{\pi}}\frac{d\pi'}{dt} = \frac{H_m + D_m}{\bar{\theta}} - \frac{1}{\bar{\rho}_d\bar{\theta}}\frac{\partial\bar{\rho}_d\bar{\theta}w}{\partial z} - \nabla\cdot\boldsymbol{u} \tag{2.29}$$

扰动形式方程组(2.24)、(2.25)、(2.26)、(2.29)以及湿物质预报方程(2.19),即为改进控制方程组的扰动形式,且构成了下文中非静力湿大气有效能量理论推导的基础。

2.4 湿假不可压缩控制方程组

为了简化问题的讨论,在中尺度研究中经常会对连续方程作一定的简化近似。一个经典的例子为 Boussinesq(布西内斯克)近似,即将具有预报性质的连续方程(2.20)用不可压缩诊断方程

$$\nabla\cdot\boldsymbol{u} + \frac{\partial w}{\partial z} = 0 \tag{2.30}$$

取代,相应的系统被称为 Boussinesq 系统;显然,Boussinesq 系统只适合于描述浅对流运动,而不适用于研究深对流以及波动的传播问题。为了克服这些缺点,Batchelor (1953) 及 Ogura 和 Phillips (1962) 首先引入了滞弹性近似(anelastic approximation):

$$\nabla\cdot(\bar{\rho}_d\boldsymbol{u}) + \frac{\partial(\bar{\rho}_d w)}{\partial z} = 0 \tag{2.31}$$

即一个更一般的散度限制,其将随高度递减的基本态密度作为风场的一个权重因子。

滞弹性近似潜在的缺点在于其要求大气参考态位温 ($\bar{\theta}$) 随高度变化($\partial\bar{\theta}/\partial z$)很小(Lipps 和 Hemler, 1982),而这一条件在层结非常稳定的区域——例如平流层是不满足的。而且,如果研究的对象为深湿对流或者重力惯性波的传播,基本态的层结往往是足够稳定的,即 $\bar{\theta}$ 随高度变化足够大。

作为滞弹性近似的改进，Durran (1989)推导了适用于干空气的假不可压缩方程(pseudo－incompressible equation)，其不需要对位温扰动的大小或基本态层结的强度进行限制，相应的系统称为假不可压缩系统。研究(Achatz et al.，2010)表明，假不可压缩系统与可压缩欧拉方程组具有多尺度渐进一致性，而滞弹性近似不具备这一性质；而且假不可压缩系统适合研究全尺度的重力波从产生直到破碎整个生命史上的动力学机理。

这里，我们扩展 Durran (1989)的干假不可压缩方程到一般的湿大气中。在式(2.29)中，如果进一步忽略左边项，并且不考虑耗散 (D_m) 的作用，可以得到：

$$\frac{1}{\bar{\rho}_d\bar{\theta}}\frac{\partial\bar{\rho}_d\bar{\theta}w}{\partial z}+\nabla\cdot\boldsymbol{u}=\frac{H_m}{\bar{\theta}} \tag{2.32}$$

或

$$\nabla\cdot(\bar{\rho}_d\bar{\theta}\boldsymbol{u})+\frac{\partial\bar{\rho}_d\bar{\theta}w}{\partial z}=\bar{\rho}_d H_m \tag{2.33}$$

式(2.33)即为湿大气中的假不可压缩方程。扰动形式方程组(2.24)、(2.25)、(2.26)、(2.32)以及湿物质预报方程(2.19)即为湿假不可压缩控制方程组，其构成了下文中推导非静力湿大气能量谱收支公式的基础。

2.5　小结

本章首先引入了状态变量——修改的位温 (θ_m)，讨论了其物理意义。其次，基于修改的位温 (θ_m) 和干空气密度 (ρ_d) 改进了非静力湿大气的的控制运动方程组。结果表明，对于一般非静力湿大气，引入变量 (θ_m) 具有两个独特的优点：(1)湿空气的状态完全由 ρ_d 、θ_m 两个变量决定，而水汽的作用则完全体现在 θ_m 中；(2)干空气质量具有保守性，以干空气密度 ρ_d 作为状态变量，将会使得预报方程的求解变得方便。然后，推导了相应的扰动控制方程组。最后，扩展了一般湿大气的假不可压缩方程组。这些方程组构成了后文研究的基础。

第3章　基于改进的湿大气控制方程的湿位涡理论

3.1　引言

位涡是综合表征大气运动状态和热力状态的物理量，它的重要性在于在绝热无摩擦运动中位涡具有守恒性。而在实际大气中，大气的运动都是伴随有各种水的相变的湿物理过程，水相变造成的潜热释放破坏了位涡的守恒性质，对于中尺度对流系统这种非保守过程的作用更加显著。这使得湿位涡异常成了诊断天气系统演变的一个有效物理量，通过位涡倾向方程，诊断与非保守过程相关的位涡异常的大小以及产生机理，可以推断这些非保守过程对天气系统发展的作用(Stoelinga, 1996; Chagnon et al., 2012)。此外，湿大气中，各种湿物质分布不均匀产生的力管效应也是位涡异常产生的原因，已有研究表明，凝结潜热、水汽梯度(Cao 和 Cho,1995)、云冰梯度(Soriano 和 Díez,1997)都会产生湿位涡异常。同时，其他湿物质（包括云水、雨水等）梯度、水汽质量强迫、大气中强迫耗散过程也会产生湿位涡异常。基于位涡研究湿大气中天气系统演变的前提是合理地将干大气中位涡的定义拓展到湿大气中，同时保证相应的湿位涡倾向只受这些非保守过程的影响。目前已有的湿位涡的定义及其相应的倾向方程还不能十分完整地考虑这些非保守过程的作用，特别是各种湿物质分布不均匀的作用。Schubert 等(2001) 基于虚位温定义了一种湿位涡，简称虚位涡，但相应的倾向方程不仅未能显式地体现各种湿物质梯度的作用，而且还包含了额外的水汽源/汇项，这使得其应用受到很大的限制。尽管虚位涡的倾向方程有着这些不足，但是其是唯一一个满足反演原则的湿位涡定义(Pascal Marquet ,2013)，这为本研究提供一个好的基础。

如今，数值模式(如 WRF)的构造已是基于精确的原始方程组，并考虑了完整的大气物理过程(辐射、边界混合、耗散等)，可以显式地预报大气中的各种湿物质。通过考察数值预报产品中潜热造成的位涡异常，不仅可评估数值模式中各种物理方案，甚至可以判断预报结果的不确定性(Brannan et al.,2008)。因此，通过重新定义湿位涡，建立一套包含完整物理过程的湿位涡倾向方程有着重要的意义。

本章的目的是在 Schubert 等(2001)研究的基础上重新定义湿位涡，并推导相应的湿位涡倾向方程，从而解决已有的湿位涡(虚位涡和相当位涡)在理论和应用上的缺陷。3.2 节基于干空气密度 (ρ_d) 和修改的湿位温 (θ_m) 推导了改进的湿位涡(MMPV)及其倾向方程；3.3 节讨论改进的湿位涡的基本性质；3.4 节基于“6.12”广西大暴雨个例，通过数值模拟考察了湿位涡的分布及其与降水分布的关系；3.5 节为本章小结。

3.2　改进的湿位涡及其倾向方程

3.2.1　改进湿位涡的定义及倾向方程推导

为了推导方便，首先将第 2 章中动量方程(2.13)和(2.14)改写成相应的兰姆(Lamb)形式，即

$$\frac{\partial \boldsymbol{v}}{\partial t}+(2\boldsymbol{\Omega}+\nabla_3\times\boldsymbol{v})\times\boldsymbol{v}+\nabla_3(\frac{1}{2}\boldsymbol{v}\cdot\boldsymbol{v}+\Phi)+A\alpha_{\mathrm{d}}\nabla_3 p=\mathscr{D}_{\mathrm{v}} \tag{3.1}$$

式中，$\boldsymbol{v}=(\boldsymbol{u},w)$ 是三维速度矢量，$\Phi=gz$，$\mathscr{D}_{\mathrm{v}}$ 表示 $\boldsymbol{v}$ 的强迫耗散项。特别地，气压梯度力的表达式为 $A\alpha_{\mathrm{d}}\nabla_3 p$，其中 $A=(1+q_v+q_c+q_r+q_i+\cdots)^{-1}$，其包含了所有湿物质对气压梯度力的影响。

对式(3.1)求旋度，可得涡度方程

$$\frac{\partial \zeta_a}{\partial t}+\nabla_3\times(\zeta_a\times\boldsymbol{v})+A\nabla_3\alpha_{\mathrm{d}}\times\nabla_3 p+\alpha_{\mathrm{d}}\nabla_3 A\times\nabla_3 p=\nabla_3\times\mathscr{D}_{\mathrm{v}} \tag{3.2}$$

其中，$\zeta_a=2\boldsymbol{\Omega}+\nabla_3\times\boldsymbol{v}$ 是绝对涡度。与一般的涡度方程相比，式(3.2)中包含了两个力管项：$A\nabla_3\alpha_{\mathrm{d}}\times\nabla_3 p$ 和 $\alpha_{\mathrm{d}}\nabla_3 A\times\nabla_3 p$。

修改位温 (θ_{m}) 的倾向方程(2.18)可以改写为

$$\frac{\mathrm{d}\theta_{\mathrm{m}}}{\mathrm{d}t}=(\frac{\partial}{\partial t}+\boldsymbol{v}\cdot\nabla_3)\theta_{\mathrm{m}}=H_{\mathrm{m}}+\mathscr{D}_{\mathrm{m}} \tag{3.3}$$

用 $\nabla\theta_{\mathrm{m}}$ 点乘式(3.2)，并利用如下矢量恒等式：

$$\nabla\theta_{\mathrm{m}}\cdot\nabla_3\times(\zeta_a\times\boldsymbol{v})=-\nabla_3\cdot[\nabla_3\theta_{\mathrm{m}}\times(\zeta_a\times\boldsymbol{v})] \tag{3.4}$$

$$\nabla_3\theta_{\mathrm{m}}\times(\zeta_a\times\boldsymbol{v})=(H_{\mathrm{m}}+\mathscr{D}_{\mathrm{m}}-\frac{\partial\theta_{\mathrm{m}}}{\partial t})\zeta_a-(\zeta_a\cdot\nabla_3\theta_{\mathrm{m}})\boldsymbol{v} \tag{3.5}$$

则可得

$$\begin{aligned}&(\frac{\partial}{\partial t}+\boldsymbol{v}\cdot\nabla_3)(\zeta_a\cdot\nabla_3\theta_{\mathrm{m}})+(\zeta_a\cdot\nabla_3\theta_{\mathrm{m}})\nabla_3\cdot\boldsymbol{v}\\&=\zeta_a\cdot\nabla_3(H_{\mathrm{m}}+\mathscr{D}_{\mathrm{m}})+A\nabla_3\theta_{\mathrm{m}}\cdot(\nabla_3 p\times\nabla_3\alpha_{\mathrm{d}})+\alpha_{\mathrm{d}}\nabla_3\theta_{\mathrm{m}}\cdot(\nabla_3 p\times\nabla_3 A)+\nabla_3\theta_{\mathrm{m}}\cdot(\nabla_3\times\mathscr{D}_{\mathrm{v}})\end{aligned} \tag{3.6}$$

由湿空气状态方程(2.4)可知：θ_{m} 只是 p 和 α_{d} 的函数，即 $\theta_{\mathrm{m}}=\theta_{\mathrm{m}}(p,\alpha_{\mathrm{d}})$，因此

$$\nabla_3\theta_{\mathrm{m}}=(\partial\theta_{\mathrm{m}}/\partial p)\nabla_3 p+(\partial\theta_{\mathrm{m}}/\partial\alpha_{\mathrm{d}})\nabla_3\alpha_{\mathrm{d}} \tag{3.7}$$

考虑到 $\nabla_3 p\cdot(\nabla_3\alpha_{\mathrm{d}}\times\nabla_3 p)=0$ 和 $\nabla_3\alpha_{\mathrm{d}}\cdot(\nabla_3\alpha_{\mathrm{d}}\times\nabla_3 p)=0$，可得

$$\nabla_3\theta_{\mathrm{m}}\cdot(\nabla_3\alpha_{\mathrm{d}}\times\nabla_3 p)=0 \tag{3.8}$$

这样式(3.6)中干螺旋项 $\nabla_3\theta_{\mathrm{m}}\cdot(\nabla_3\alpha_{\mathrm{d}}\times\nabla_3 p)$ 消失，且该式可简化为：

$$\begin{aligned}&(\frac{\partial}{\partial t}+\boldsymbol{v}\cdot\nabla_3)(\zeta_a\cdot\nabla_3\theta_{\mathrm{m}})+(\zeta_a\cdot\nabla_3\theta_{\mathrm{m}})\nabla_3\cdot\boldsymbol{v}\\&=\zeta_a\cdot\nabla_3(H_{\mathrm{m}}+\mathscr{D}_{\mathrm{m}})+\alpha_{\mathrm{d}}\nabla_3\theta_{\mathrm{m}}\cdot(\nabla_3 p\times\nabla_3 A)+\nabla_3\theta_{\mathrm{m}}\cdot(\nabla_3\times\mathscr{D}_{\mathrm{v}})\end{aligned} \tag{3.9}$$

用干空气比容 (α_{d}) 乘上式，并利用连续方程

$$\frac{\mathrm{d}\alpha_{\mathrm{d}}}{\mathrm{d}t}-\alpha_{\mathrm{d}}\nabla_3\cdot v=0 \tag{3.10}$$

消除散度项,得

$$\frac{\mathrm{d}}{\mathrm{d}t}(P_{\mathrm{m}}) = \alpha_{\mathrm{d}}\zeta_a \cdot \nabla_3 H_{\mathrm{m}} + \alpha_{\mathrm{d}}^2 \nabla_3 \theta_{\mathrm{m}} \cdot (\nabla_3 p \times \nabla_3 A) + \alpha_{\mathrm{d}}\zeta_a \cdot \nabla_3 \mathscr{D}_{\mathrm{m}} + \alpha_{\mathrm{d}} \nabla_3 \theta_{\mathrm{m}} \cdot (\nabla_3 \times \mathscr{D}_{\mathrm{v}}) \tag{3.11}$$

其中,P_{m} 即为改进的湿位涡,其表达式为

$$P_{\mathrm{m}} = \alpha_{\mathrm{d}}\zeta_a \cdot \nabla_3 \theta_{\mathrm{m}} \tag{3.12}$$

式(3.11)即为包含非绝热强迫、湿物质梯度强迫以及物理耗散强迫的改进湿位涡倾向方程。方程(3.11)右边第一项 $\alpha_{\mathrm{d}}\zeta_a \cdot \nabla_3 H_{\mathrm{m}}$ 为非绝热作用,包含非绝热加热和水汽质量改变两部分对湿位涡的影响,而造成非绝热加热和水汽质量改变的物理过程可以包括微物理过程、积云参数化、辐射强迫等;第二项 $\alpha_{\mathrm{d}}^2 \nabla_3 \theta_{\mathrm{m}} \cdot (\nabla_3 p \times \nabla_3 A)$ 为湿物质梯度所造成的等效力管项,包含了各种湿物质分布不均匀对湿位涡的影响;第三项 $\alpha_{\mathrm{d}}\zeta_a \cdot \nabla_3 \mathscr{D}_{\mathrm{m}}$ 为与位温和水汽的耗散强迫相关的作用;第四项 $\alpha_{\mathrm{d}} \nabla_3 \theta_{\mathrm{m}} \cdot (\nabla_3 \times \mathscr{D}_{\mathrm{v}})$ 为与速度矢量物理强迫耗散相关的作用。

值得注意的是,式(3.12)是 Etrel(1942)干位涡的一般形式的拓展,分析该式可见以下特点:

(Ⅰ)P_{m} 可以自然地分解为干、湿两个部分:干分量为 $P_{\mathrm{d}} = \alpha_{\mathrm{d}}\zeta_a \cdot \nabla_3 \theta$,湿分量为 $P_q = 1.61\alpha_{\mathrm{d}}\zeta_a \cdot \nabla_3(\theta q_v)$,当 $q_v = 0$ 时,$P_q = 0$ 和 $P_{\mathrm{m}} = P_{\mathrm{d}}$;

(Ⅱ)所有物理过程造成的非绝热加热以及水汽质量变化强迫都包含在 H_{m} 中;

(Ⅲ)湿物质梯度的作用显式地体现在 ∇A 中,这将使得分析湿物质梯度对系统的发展显得尤为便利;

(Ⅳ)耗散强迫等物理过程的作用包含在 $\mathscr{D}_{\mathrm{m}}$ 和 $\mathscr{D}_{\mathrm{v}}$ 中;

(Ⅴ)如果不考虑湿物质,以及(Ⅱ)、(Ⅲ)的作用,修改的位温 (θ_{m}) 退化为 θ,相应 P_{m} 退化为 Etrel(1942)干位涡 P_{d}。

类似 Schubert 等(2001),式(3.11)同样可以写成更具物理意义的形式。定义 $\boldsymbol{n} = \nabla_3\theta_{\mathrm{m}}/|\nabla_3\theta_{\mathrm{m}}|$,为垂直于 θ_{m} 面的单位矢量;$\boldsymbol{\tau} = \zeta_a/|\zeta_a|$ 为沿着绝对涡度方向的单位矢量。则式(3.11)可以进一步写成:

$$\frac{\mathrm{d}}{\mathrm{d}t}(P_{\mathrm{m}}) = P_{\mathrm{m}}\left[\frac{\boldsymbol{\tau} \cdot \nabla_3 H_{\mathrm{m}}}{\boldsymbol{\tau} \cdot \nabla_3 \theta_{\mathrm{m}}} + \frac{\boldsymbol{n} \cdot (\alpha_{\mathrm{d}} \nabla_3 p \times \nabla_3 A)}{\boldsymbol{n} \cdot \zeta_a} + \frac{\boldsymbol{\tau} \cdot \nabla_3 \mathscr{D}_{\mathrm{m}}}{\boldsymbol{\tau} \cdot \nabla_3 \theta_{\mathrm{m}}} + \frac{\boldsymbol{n} \cdot \nabla_3 \times \mathscr{D}_{\mathrm{v}}}{\boldsymbol{n} \cdot \zeta_a}\right] \tag{3.13}$$

这个形式强调了湿位涡随时间呈指数增长的特征。

3.2.2 湿物质梯度的作用

考虑 $q_j \ll 1$,有 $q_v + q_c + q_r + q_i + \cdots \ll 1$,因此

$$A = (1 + q_v + q_c + q_r + \cdots)^{-1} \simeq 1 - q_v - q_c - q_r - q_i \cdots \tag{3.14}$$

则

$$\nabla_3 A \simeq -\nabla_3(q_v + q_c + q_r + \cdots) = -\sum \nabla_3 q_j \tag{3.15}$$

将式(3.15)代入式(3.11),得:

$$\frac{\mathrm{d}}{\mathrm{d}t}(P_{\mathrm{m}}) = \alpha_{\mathrm{d}}\zeta_a \cdot \nabla_3(H_{\mathrm{m}} + \mathscr{D}_{\mathrm{m}}) - \alpha_{\mathrm{d}}^2(\nabla_3\theta_{\mathrm{m}} \times \nabla_3 p) \cdot \sum \nabla_3 q_j + \alpha_{\mathrm{d}} \nabla_3 \theta_{\mathrm{m}} \cdot (\nabla_3 \times \mathscr{D}_{\mathrm{v}}) \tag{3.16}$$

由式(3.16)可见,不同的湿物质梯度对湿位涡演变的作用均显式地体现在位涡倾向方程

中。当斜压矢量 $(\nabla_3\theta_m \times \nabla_3 p)$ 与湿物质梯度矢量的夹角小于 90°时，有负的湿位涡异常产生；反之，则有正的湿位涡异常产生。值得注意的是，这里的湿物质梯度可以包括水汽梯度、云水梯度、雨水梯度、云冰梯度等。在实际天气系统中，低层水汽梯度的作用相对重要，高层冰物质梯度（或者云物质）的作用相对重要，单独考虑某一种湿物质的作用是不全面的，因此利用式(3.16)可以方便地研究各种湿物质梯度在系统发展不同时期的贡献。

3.3　改进湿位涡的性质

3.3.1　保守性

在不考虑强迫耗散、辐射的湿大气中（$D_m = 0$，$D_v = 0$），如果不发生湿物质相变即 $H_m = 0$，且湿物质（包括水汽、云水、雨水、云冰等）的梯度合矢量与斜压矢量 $(\nabla_3\theta_m \times \nabla_3 p)$ 垂直，即 $(\nabla_3\theta_m \times \nabla_3 p) \cdot \sum \nabla_3 q_j = 0$，则由式(3.16)可知：

$$\frac{\mathrm{d}}{\mathrm{d}t}(P_m) = 0 \tag{3.17}$$

式(3.17)说明此时改进的湿位涡 (P_m) 是守恒的，即修改的湿位涡具有保守性。

3.3.2　不可渗透性

Schubert 等(2001)曾证明（见其附录 D）：对于任意标量 ψ，其梯度矢量与绝对涡度矢量的内积构成了一个新的物理量 $\zeta_a \cdot \nabla_3\psi$，对这个新的物理量来说等 ψ 面是不可渗透的。

由改进湿位涡的定义式(3.12)可知：

$$\zeta_a \cdot \nabla_3\theta_m = \rho_d P_m \tag{3.18}$$

式(3.18)说明对 $\rho_d P_m$ 来说，等 θ_m 面是不可渗透的。

3.3.3　反演原则

与 Schubert 等(2001) 和 Bannon(2002) 类似，可以证明改进的湿位涡也具有反演原则。首先，假定干空气满足静力平衡，即 $\partial p_d/\partial z = -\alpha_d^{-1} g$，这里 p_d 是干空气气压；如果再假定运动满足 Charney 平衡方程(Charney, 1995)，已知改进湿位涡 (P_m)、水汽混合比 (q_v) 以及总的凝结物混合比 $(\sum_{j\neq v} q_j)$，就可以求解出气压 (p)，干空气比容 (α_d)，修改位温 (θ_m) 及水平风速 $(\boldsymbol{u})$。

3.4　改进湿位涡的应用

2008 年华南前汛期为 5 月 28 日至 6 月 19 日，经历了 4 次主要的降水过程。本节将以第 3 次降水过程为个例，考察改进湿位涡与暴雨的关系。这次降水从 12 日 00 时持续到 13 日 00 时（北京时），且主要发生在广西壮族自治区境内，造成了该区域的洪水。为了简洁，以下称此过程为“6·12”广西大暴雨。

3.4.1 "6.12"广西大暴雨的数值模拟

数值模拟采用中尺度数值模式 WRFv3.2（Skamarock et al.，2008）。试验设计为两重(D01、D02)嵌套，D01 中心位置位于为(35°N，110°E)，格距为 36 km，格点数为 180×140；D02 格距为 12 km，格点数为 270×270，内层区域涵盖中国四川盆地和整个江淮流域。D01 和 D02 的配置关系见图 3.1，垂直方向均为 28 层，模式层顶为 50 hPa。侧边界采用松弛边界，6 h 更新一次。所采用的物理过程均为 Kain-Fritsch 积云参数化，WSM6 微物理过程（Hong 和 Lim，2006），Monin-Obukhov(莫宁-奥布霍夫)近地面层方案，Noah 陆面过程，YSU 边界层方案，RRTM 长波辐射方案，Dudhia 短波辐射方案。初始场和侧边界条件采用分辨率 1°×1° FNL（Final Global Data Assimilation System）再分析资料。模式积分起始时间 2008 年 6 月 11 日 12 时(UTC)，时间步长 Δt=180 s，积分 36 h，逐小时输出资料，其中内层 D02 输出资料作为分析之用。

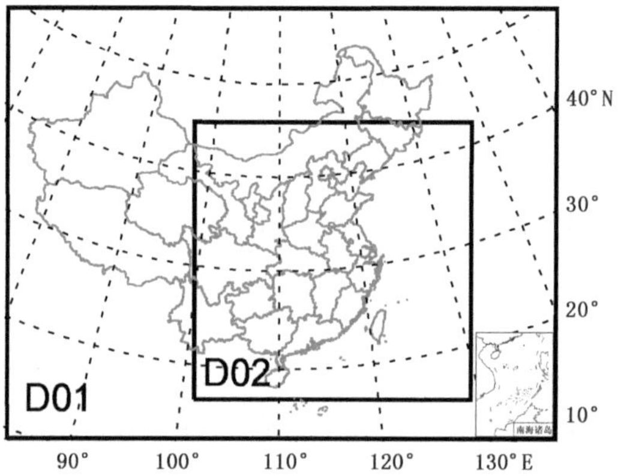

图 3.1　WRF 模式积分区域配置，外重区域(D01)大小为 180×140，格距为 $\Delta x=\Delta y$=36 km，内重区域(D02)大小为 270×270，格距为 $\Delta x=\Delta y$=12 km

图 3.2 分别给出了观测和 WRF 模拟的从 6 月 12 日 00 时至 13 日 00 时的 24 h 累积降水。实况降水数据来源于 SCHeREX 试验逐时地面加密降水观测资料，并通过 GrADS 图形程序包插值到模式格点上。从图 3.2a 可见，此次暴雨过程整体上雨带成西南—东北走向，位于(25°N，110°E)和(25.5°N，112°E)的两个降水极值中心的 24 h 累积降水分别达到 250 和 225 mm。模拟降水很好地再现了雨带的位置和走向，以及降水的强度和雨区范围等特征。因此，模拟输出的高分辨率结果可以作为动力诊断研究的基础资料。

3.4.2 不同湿位涡与降水的关系

图 3.3 给出了细网格 D02 模拟的 2008 年 6 月 12 日 00UTC (a)，06UTC (b)，12UTC (c) 和 18 UTC(d) 850 hPa 上 MMPV(改进湿位涡)的水平分布和相应的过去 1 小时累积降水。MMPV 的分布表现出与雨区相关的显著信号。具体表现为：MMPV 的正异常中心与降水中心位置基本重合，异常中心的个数与降水中心的个数基本对应；MMPV 总体分布形态与降水区域形态基本相似，0.5 PVU 的等值线基本能勾画出主要降水分布区域，与 5 mm 以上的降水区域有较高的吻合度。

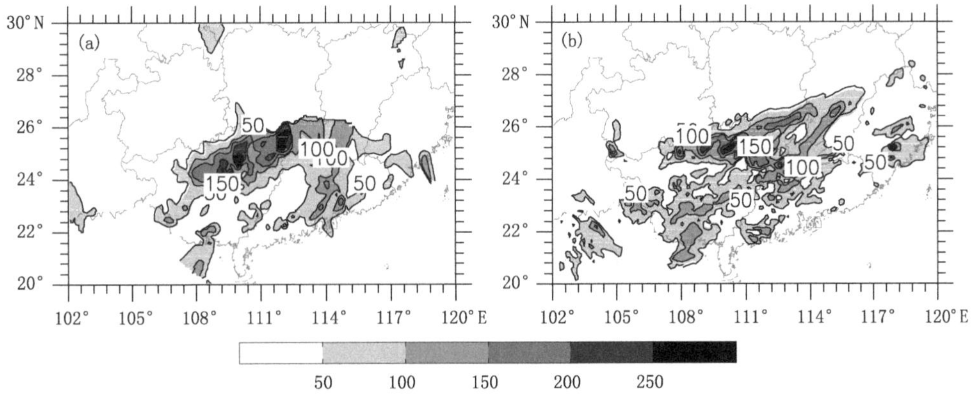

图 3.2　2008 年 6 月 12 日 00 时—13 日 00 时 24 h 累积降水(单位:mm)

(a. 观测实况;b. WRF 模拟)

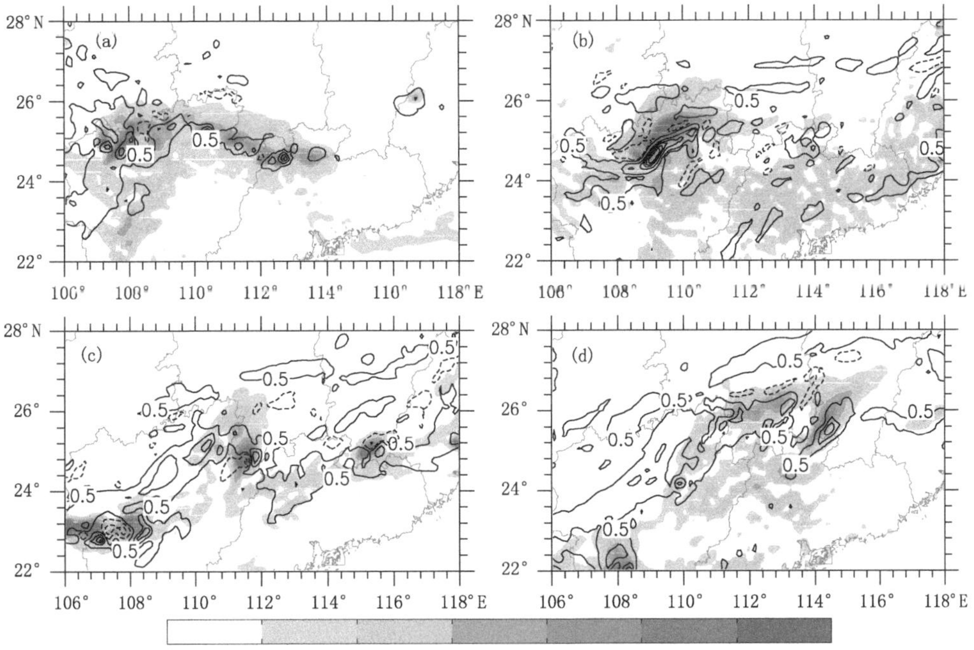

图 3.3　D02 区域上模拟的 2008 年 6 月 12 日不同时刻(UTC)850 hPa 上改进湿位涡的水平分布和相应的过去 1 小时累积降水(正的等值线为实线,起始等值线为 0.5 PVU;负的等值线为虚线,起始等值线为 0.5 PVU;正负等值线间隔均为 1.5 PVU)

(a. 00 时;b. 06 时;c. 12 时;d. 18 时)

图 3.4 给出了相应时次的 GMPV(即广义湿位涡,具体定义见第 1.3.1 节)的水平分布。与 MMPV 相比,GMPV 虽然也能在一定程度上体现降水区域的位置,但是其分布过于集中,不能有效地指示雨带的分布。仔细分析发现,GMPV 的正负值均位于雨区,因此很难明确 GMPV 正负值中心与降水中心的对应关系,而且降水中心似乎并没有与正或负 GMPV 异常中心重合。这可能是 GMPV 过分强调了接近饱和区的湿度梯度的作用,强制认为强降水中心与湿度梯度中心重合,实则不然,强降水区并不一定与湿度梯度大值区重合。

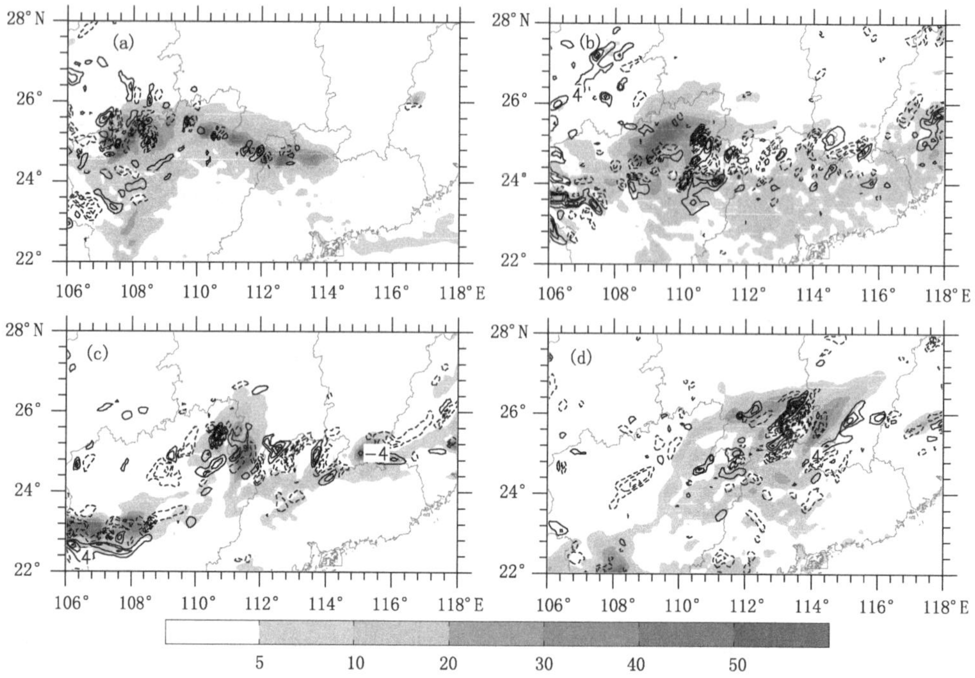

图 3.4　同图 3.3，但为广义湿位涡（正的等值线为实线，起始等值线为 4 PVU；负的等值线为虚线，起始等值线为 −4 PVU；且正负等值线间隔均为 4 PVU）

3.4.3　MMPV 与 GMPV 差异的理论分析

为了进一步揭示在大降水区（接近饱和区）MMPV 与 GMPV 分布差异的原因，分析了广义位温（θ_g）和修改的位温（θ_m）的梯度。

对式（1.5）取梯度，得：

$$\nabla_3\theta_g = \frac{\theta_g}{\theta}\nabla_3\theta + \theta_g\frac{L}{c_pT}\left(\frac{q}{q_s}\right)^{k-1}q\left[k\frac{\nabla_3 q}{q} - \frac{\nabla_3 T}{T} - (k-1)\frac{\nabla_3 q_s}{q_s}\right] \tag{3.19}$$

由于我们关注的是接近饱和区，可以假定：

$$\nabla_3 q_s \simeq \nabla_3 q \tag{3.20}$$

因此，式（3.19）简化为：

$$\nabla_3\theta_g \simeq \frac{\theta_g}{\theta}\nabla_3\theta + \theta_g\frac{L}{c_pT}\left(\frac{q}{q_s}\right)^{k-1}q\left\{\left[k-(k-1)\frac{q}{q_s}\right]\frac{\nabla_3 q}{q} - \frac{\nabla_3 T}{T}\right\} \tag{3.21}$$

为了进一步简化式（3.21），首先对其大括号中的项进行量纲分析。为了简捷，记 $\beta_k = k-(k-1)\dfrac{q}{q_s}$，则大扩括号里的矢量项可以写成：

$$\beta_k\frac{\nabla_3 q}{q} - \frac{\nabla_3 T}{T} = \left(\frac{\beta_k}{q}\frac{\partial q}{\partial x} - \frac{1}{T}\frac{\partial T}{\partial x}\right)\boldsymbol{i} + \left(\frac{\beta_k}{q}\frac{\partial q}{\partial y} - \frac{1}{T}\frac{\partial T}{\partial y}\right)\boldsymbol{j} + \left(\frac{\beta_k}{q}\frac{\partial q}{\partial z} - \frac{1}{T}\frac{\partial T}{\partial z}\right)\boldsymbol{k} \tag{3.22}$$

这里 $\boldsymbol{i}$、$\boldsymbol{j}$、$\boldsymbol{k}$ 分别是 x、y、z 方向上的单位矢量。引进水平尺度（L）和垂直尺度（H），则有：

$$\frac{\beta_k}{q}\frac{\partial q}{\partial x} \sim \frac{\beta_k}{q}\frac{\partial q}{\partial y} \sim \frac{\beta_k}{L}\frac{\Delta q}{q},\ \frac{\beta_k}{q}\frac{\partial q}{\partial z} \sim \frac{\beta_k}{H}\frac{\Delta q}{q} \tag{3.23}$$

$$\frac{1}{T}\frac{\partial T}{\partial x} \sim \frac{1}{T}\frac{\partial T}{\partial y} \sim \frac{1}{L}\frac{\Delta T}{T},\ \frac{1}{T}\frac{\partial T}{\partial z} \sim \frac{1}{H}\frac{\Delta T}{T} \tag{3.24}$$

考虑到 $\frac{\Delta T}{T} \ll 1$ 和 $\frac{\Delta q}{q} \sim 1$，可以得到：

$$\frac{\beta_k}{q}\frac{\partial q}{\partial x} \sim \frac{\beta_k}{q}\frac{\partial q}{\partial y} \sim \frac{\beta_k}{L}, \quad \frac{\beta_k}{q}\frac{\partial q}{\partial z} \sim \frac{\beta_k}{H} \tag{3.25}$$

和

$$\frac{1}{T}\frac{\partial T}{\partial x} \sim \frac{1}{T}\frac{\partial T}{\partial y} \ll \frac{1}{L}, \quad \frac{1}{T}\frac{\partial T}{\partial z} \ll \frac{1}{H} \tag{3.26}$$

由于 $0 \leqslant \frac{q}{q_s} \leqslant 1$，有 $1 \leqslant \beta_k \leqslant k$，故式(3.21)可以进一步简化为：

$$\nabla_3\theta_g \simeq \frac{\theta_g}{\theta}\nabla_3\theta + \theta_g\frac{L}{c_pT}\left(\frac{q}{q_s}\right)^{k-1}\left[k-(k-1)\frac{q}{q_s}\right]\nabla_3 q \tag{3.27}$$

考虑到实际大气常有：$\frac{L}{c_pT} \leqslant 10$，$q_s \ll 0.1$ g/g (Andrews，2000)，$q_s(q/q_s)^k \ll 0.1$ g/g，因此，$\frac{\theta_g}{\theta} \sim \frac{\theta_m}{\theta} \sim 1$，则可以进一步得到：

$$\nabla_3\theta_g \simeq \nabla_3\theta + \theta\frac{L}{c_pT}\left(\frac{q}{q_s}\right)^{k-1}\left[k-(k-1)\frac{q}{q_s}\right]\nabla_3 q \tag{3.28}$$

和

$$\nabla_3\theta_m \simeq \nabla_3\theta + 1.61\theta\nabla_3 q \tag{3.29}$$

定义 $\lambda_m = 1.61$ 和 $\lambda_g = \frac{L}{c_pT}\left(\frac{q}{q_s}\right)^{k-1}\left[k-(k-1)\frac{q}{q_s}\right]$，则 GMPV 与 MMPV 的差异主要是由 λ_m 和 λ_g 的差异造成的。图 3.5 给出不同 k 值所对应的 λ_g 随相对湿度 q/q_s 的分布函数。显然，λ_g 的分布强烈地依赖于 k 值。相比 λ_m 来说，λ_g 在相对湿度小的区域削减了水汽梯度的作用，而在相对湿度大的地方则放大了水汽梯度的作用，这样就使得水汽梯度的作用过度地集中在相对湿度大的地方，也就自然出现图 3.4 中 GMPV 与图 3.3 中 MMPV 的分布差异。特殊地，当 $k=1$ 时，θ_g 即变成了传统意义的 θ_e，记 $\lambda_e \equiv \lambda_g(k=1)$。则相比 λ_m 来说，λ_e 放大了所有区域的水汽梯度作用，而使得相当位温位涡 P_e 的信号几乎分布在所有区域(Liang et al.，2010)。

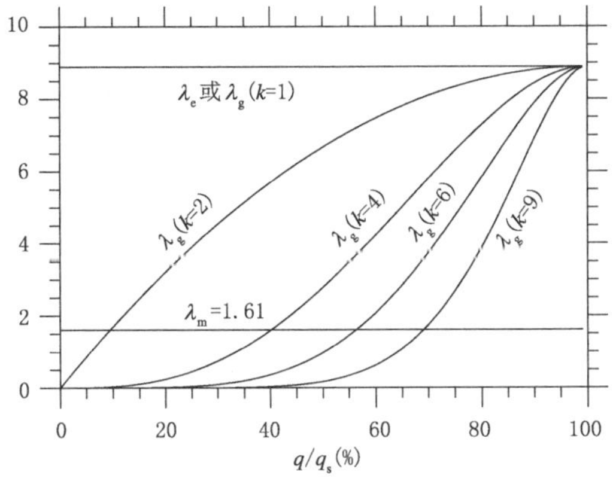

图 3.5　$T=280$ K 时 λ_g 随 q/q_s 的分布曲线 ($\lambda_e \equiv \lambda_g(k=1)$)

3.5 小结

本章首先基于干空气密度 (α_d) 和修改的位温 (θ_m) 推导了改进的湿位涡(MMPV)及其倾向方程;然后以 2008 年"06.12"广西大暴雨为个例,对 MMPV 进行了诊断分析,并与广义湿位涡(GMPV)进行了对比。

改进的湿位涡不仅在表达形式上保持了虚温位涡的简洁,而且在一定条件下保持了位涡的基本性质,即保守性、不可渗透性以及可反演原则。更重要的是,其相应位涡倾向方程能够显式地体现各种非保守物理过程对大气的作用。从 MMPV 倾向方程,可以看到湿物质对湿位涡演变的影响包含两个方面:(Ⅰ)湿物理过程所伴随的水的相变、潜热加热和水汽质量强迫的作用;(Ⅱ)湿物质的空间分布所造成的螺旋项作用。因此利用改进的湿位涡及其位涡倾向方程讨论潜热加热、湿物质梯度对天气系统演变的作用更为方便。一般地,水汽混合比 (q_v) 总是可以从模式输出或观测中得到,因此 MMPV 和湿度梯度的作用是容易诊断的。尽管一些数值模式不能显式地预报凝结物 q_c,q_r,q_i…… 等,但是总的凝结物作用仍然可以通过式(3.16)的余项来估计。

基于 2008 年"06.12"广西大暴雨,比较了 MMPV 与 GMPV 的分布形态以及与降水的对应关系。发现 MMPV 的分布表现出与降水的分布显著相关的信号。相反,GMPV 虽然在一定程度上可以反映降水分布信息,但是由于其过分夸大了接近饱和区的湿度梯度的作用,使其大值区不能精确地与降水中心及降水区域吻合。因此 MMPV 是一个更准确的降水诊断量。另外,GMPV 只适合于接近饱和区域,而从预报的角度来讲,从欠饱和发展为接近饱和是降水过程发展的关键,而 MMPV 是一般湿大气的一个普适量,因此其可以用于分析这种变化。

由于 MMPV 与降水有很好的对应关系,因此其可以用于研究具有强潜热释放的降水系统的发展机制,例如温带气旋、梅雨锋和台风等系统。通过诊断 MMPV 与天气系统的关系,可以揭示降水系统的热动力学过程(Tory et al., 2012);利用模式预报的风场、温度场和湿度场通过诊断 MMPV 的变化,可以进一步修正降水落区预报;由于本章推导改进湿位涡方程所基于的湿大气系统是完全可压缩、非静力的,因此基于数值模式的 MMPV 诊断,还可以作为评估和改进模式的有效工具。关于 MMPV 的应用仍需要进行深入研究。

第 4 章　非静力湿大气局地有效能量理论

4.1　引言

在大气动力学的研究领域，有效能量学占有重要的地位。能量守恒原则制约着大气运动，从有效能量的角度研究大气系统演变无疑是一种十分有效的方法。但是以往的有效能量理论多是基于静力平衡近似发展的，而且对水汽作用的考虑不是很完整，因此不能直接用于非静力湿大气的研究。水汽对大气能量循环的重要性不只是体现在潜热释放上，水汽的垂直输送和降水过程中水汽的摩擦耗散也都直接影响了大气动能的产生(Pauluis 和 Held，2002a，2002b)。另外，基于湿大气熵收支的分析(Goody，2003；Pauluis et al.，2002a)也在一定程度上提升了人们对湿过程作用的认识，这些研究成果强烈地暗示了发展非静力湿大气有效能量理论的必要性。近年来，针对湿大气有效能量，已经有一些研究成果(Bannon，2005，2012，2013；Pauluis，2007)，但正如绪论中所述，这些新发展的湿有效能量理论也都存在一定的局限性。为此，本章的目的是，以完全可压缩非静力湿大气为研究对象，给出其局地湿有效位能的一个简单，但是普适的表达式，并发展其相应的局地有效能量理论。

本章的结构安排如下：4.2 节给出了不同形式能量的定义以及相应的能量收支方程，这里定义的局地有效能量不依赖于参考态的特殊属性，除了要求参考态满足干静力平衡且层结稳定；4.3 节描述了参考态的指定；4.4 节给出了有效能量公式在理想斜压大气中的应用，同时比较了有效能量在两种给定参考态下的差异；4.5 节是本章小结。

4.2　有效能量定义和能量收支方程

局地有效位能的形式同如何分解大气为基本态和扰动态联系在一起，并且依赖于热动力学方程的近似(Dutton 和 Fichtl，1969；Pedlosky，1987)。传统的方法是，基于随时间不变的参考态分解热力学变量(Klemp et al.，2007)，本章也采用这种方法。设总的热力学变量可以分解为一个随时间不变、满足静力平衡且层结稳定的干大气基本态(即参考态)和相应的扰动：

$$p = \bar{p}(z) + p';\pi = \bar{\pi}(z) + \pi';\rho_{\mathrm{d}} = \bar{\rho}_{\mathrm{d}}(z) + \rho_{\mathrm{d}}';\theta_{\mathrm{m}} = \bar{\theta}(z) + \theta_{\mathrm{m}}' \tag{4.1}$$

在第 2 章已推导出，在 f 平面上的高度坐标系下，一般非静力湿大气的扰动控制方程可以表述为：

$$\frac{\mathrm{d}\boldsymbol{u}}{\mathrm{d}t} = -c_p\bar{\theta}\nabla\pi' - f\boldsymbol{k}\times\boldsymbol{u} + \mathscr{D}_{\mathrm{u}} \tag{4.2}$$

$$\frac{\mathrm{d}w}{\mathrm{d}t}=-c_p\bar{\theta}\frac{\partial\pi'}{\partial z}+\frac{\theta'_\mathrm{m}}{\bar{\theta}}g-gq_\mathrm{t}+\mathscr{D}_\mathrm{w} \tag{4.3}$$

$$\frac{\mathrm{d}\theta'_\mathrm{m}}{\mathrm{d}t}=-w\frac{\partial\bar{\theta}}{\partial z}+H_\mathrm{m}+\mathscr{D}_\mathrm{m} \tag{4.4}$$

$$\frac{c_v}{R_\mathrm{d}\bar{\pi}}\frac{\mathrm{d}\pi'}{\mathrm{d}t}=\frac{H_\mathrm{m}+\mathscr{D}_\mathrm{m}}{\bar{\theta}}-\frac{1}{\bar{\rho}_\mathrm{d}\bar{\theta}}\frac{\mathrm{d}\bar{\rho}_\mathrm{d}\bar{\theta}w}{\mathrm{d}z}-\nabla\cdot\boldsymbol{u} \tag{4.5}$$

$$\frac{\mathrm{d}q_j}{\mathrm{d}t}=S_{q_j}+\mathscr{D}_{q_j} \tag{4.6}$$

式中各项的物理意义见第2章。

单位质量的水平动能(HKE)定义为：

$$E_\mathrm{h}=\frac{1}{2}\boldsymbol{u}\cdot\boldsymbol{u} \tag{4.7}$$

求$\boldsymbol{u}$和式(4.2)的内积，即用$\boldsymbol{u}$点乘式(4.2)，可以得到水平动能(HKE)的收支方程：

$$\frac{\mathrm{d}E_\mathrm{h}}{\mathrm{d}t}=-\frac{1}{\bar{\rho}_d}\nabla\cdot(c_p\bar{\rho}_\mathrm{d}\bar{\theta}\pi'\boldsymbol{u})+c_p\bar{\theta}\pi'\nabla\cdot\boldsymbol{u}+\boldsymbol{u}\cdot\mathscr{D}_\mathrm{u} \tag{4.8}$$

单位质量的垂直动能(VKE)定义为：

$$E_\mathrm{z}=\frac{1}{2}w\cdot w \tag{4.9}$$

类似于式(4.8)的推导，垂直动能的收支方程可以表示为：

$$\frac{\mathrm{d}E_\mathrm{z}}{\mathrm{d}t}=-c_p\bar{\theta}w\frac{\partial\pi'}{\partial z}+\frac{\theta'_\mathrm{m}}{\bar{\theta}}gw-gwq_\mathrm{t}+w\mathscr{D}_\mathrm{w} \tag{4.10}$$

其中，$\frac{\theta'_\mathrm{m}}{\bar{\theta}}gw$为有效能量向垂直动能的转换项。

由于湿大气的可压缩性，还存在着有效弹性势能(AEE)(Bannon，2005)，其可以定义为：

$$E_\mathrm{e}=\frac{c_pc_v\bar{\theta}}{2R_\mathrm{d}\bar{\pi}}\pi'^2=\frac{1}{2}\frac{c_p^2\bar{\theta}^2}{c_s^2}\pi'^2 \tag{4.11}$$

其中，$c_s=(R_\mathrm{d}\bar{T}c_p/c_v)^{\frac{1}{2}}$为参考态中的声速。明显地，有效弹性势能的形式是正定的。对式(4.11)求导数，并将式(4.5)代入其中，可以得到：

$$\frac{\mathrm{d}E_\mathrm{e}}{\mathrm{d}t}=c_p\pi'(H_\mathrm{m}+\mathscr{D}_\mathrm{m})-\frac{1}{\bar{\rho}_\mathrm{d}}\frac{\partial(c_p\bar{\rho}_\mathrm{d}\bar{\theta}\pi'w)}{\partial z}+c_p\bar{\theta}w\frac{\partial\pi'}{\partial z}-c_p\bar{\theta}\pi'\nabla\cdot\boldsymbol{u}+J_1(z) \tag{4.12}$$

式中，$J_1(z)=\frac{1}{2}c_p^2\pi'^2w\frac{\partial(\bar{\theta}^2/c_s^2)}{\partial z}$对应于一个绝热非保守过程，其与参考态呈非线性相关。$c_p\bar{\theta}\pi'\nabla\cdot\boldsymbol{u}$为有效弹性能向水平动能的转换项。在气压相对较小的区域($\pi'<0$)，流场水平辐合($\nabla\cdot\boldsymbol{u}<0$)时有效弹性能转换为水平动能。

基于修改的位温(θ_m)，单位质量局地湿有效位能(APE)可以定义如下：

$$E_\mathrm{p}=\frac{1}{2}\gamma(z)\theta'^2_\mathrm{m} \tag{4.13}$$

式中，$\gamma(z)=g^2/(N^2\bar{\theta}^2)$，且$N^2=g\partial\ln\bar{\theta}/\partial z$为Brunt-Väisälä频率。由于参考态的层结是稳定的，即$N^2>0$，因此有效位能(4.13)也是正定的。

对式(4.13)求导数得到：

$$\frac{\mathrm{d}E_\mathrm{p}}{\mathrm{d}t}=\gamma\theta'_\mathrm{m}\frac{\mathrm{d}\theta'_\mathrm{m}}{\mathrm{d}t}+\frac{1}{2}\theta'^2_\mathrm{m}w\frac{\partial\gamma}{\partial z} \tag{4.14}$$

将方程(4.4)代入式(4.14)得：

$$\frac{\mathrm{d}E_{\mathrm{p}}}{\mathrm{d}t}=-\frac{\theta'_{\mathrm{m}}}{\bar{\theta}}gw+\gamma\theta'_{\mathrm{m}}H_{\mathrm{m}}+\gamma\theta'_{\mathrm{m}}\mathscr{D}_{\mathrm{m}}+J_2(z) \tag{4.15}$$

其中，$J_2(z)=\frac{1}{2}\theta'^2_{\mathrm{m}}w\frac{\partial\gamma}{\partial z}$对应于另外一个绝热非保守过程，类似于 $J_1(z)$；$\frac{\theta'_{\mathrm{m}}}{\bar{\theta}}gw$ 为有效位能向垂直动能的转换项。

进一步分析垂直动能的收支方程(4.10)可以发现，除了有效位能和垂直动能的转换项外，方程中还存在另外一个转换项 (gwq_{t})，其反映了部分垂直动能被转换成了与湿物质有关的其他形式的能量，这种能量即为湿物质的重力势能。单位质量的总湿物质的重力势能(MGE)定义为：

$$E_{\mathrm{q}}=q_{\mathrm{t}}gz \tag{4.16}$$

其倾向方程表达为：

$$\frac{\mathrm{d}E_{\mathrm{q}}}{\mathrm{d}t}=gz\frac{\mathrm{d}q_{\mathrm{t}}}{\mathrm{d}t}+gwq_{\mathrm{t}}=gz(S_{q_t}+\mathscr{D}_{q_t})+gwq_{\mathrm{t}} \tag{4.17}$$

这里，$S_{q_t}=\sum_j S_{q_j}$ 和 $\mathscr{D}_{q_t}=\sum_j\mathscr{D}_{q_j}$。因为高度($z$)总是位于地面之上，显然，湿物质重力势能也是正定的。而且，这里已假定参考态是干大气，即所有的湿物质重力势能均可以有效地转换。

对于任意一种形式能量 (E)，有如下恒等式成立：

$$\frac{\partial(\rho_{\mathrm{d}}E)}{\partial t}=-\nabla_3\cdot(\rho_{\mathrm{d}}E\boldsymbol{v})+\rho_{\mathrm{d}}\frac{\mathrm{d}E}{\mathrm{d}t} \tag{4.18}$$

式中，$\nabla_3=(\nabla,\partial/\partial z)$ 为三维梯度算子，$\boldsymbol{v}=(\boldsymbol{u},w)$ 为三维速度矢量。欧拉形式的有效能量方程最终可写为：

$$\frac{\partial}{\partial t}(\rho_{\mathrm{d}}E_{\mathrm{h}})=-\nabla_3\cdot(\rho_{\mathrm{d}}E_{\mathrm{h}}\boldsymbol{v})-\nabla\cdot(c_p\bar{\rho}_{\mathrm{d}}\bar{\theta}\pi'\boldsymbol{u})+C_{\mathrm{e}\to\mathrm{h}}+\rho_{\mathrm{d}}\boldsymbol{u}\cdot\mathscr{D}_{\mathrm{u}} \tag{4.19}$$

$$\frac{\partial}{\partial t}(\rho_{\mathrm{d}}E_{\mathrm{z}})=-\nabla_3\cdot(\rho_{\mathrm{d}}E_{\mathrm{z}}\boldsymbol{v})-C_{\mathrm{z}\to\mathrm{e}}+C_{\mathrm{p}\to\mathrm{z}}-C_{\mathrm{z}\to\mathrm{q}}+\rho_{\mathrm{d}}w\mathscr{D}_{\mathrm{w}} \tag{4.20}$$

$$\begin{aligned}\frac{\partial}{\partial t}(\rho_{\mathrm{d}}E_{\mathrm{e}})=&-\nabla_3\cdot(\rho_{\mathrm{d}}E_{\mathrm{e}}\boldsymbol{v})-\frac{\partial(c_p\bar{\rho}_{\mathrm{d}}\bar{\theta}\pi'w)}{\partial z}+C_{\mathrm{z}\to\mathrm{e}}-C_{\mathrm{e}\to\mathrm{h}}\\&+c_p\rho_{\mathrm{d}}\pi'(H_{\mathrm{m}}+\mathscr{D}_{\mathrm{m}})+\rho_{\mathrm{d}}J_1\end{aligned} \tag{4.21}$$

$$\frac{\partial}{\partial t}(\rho_{\mathrm{d}}E_{\mathrm{p}})=-\nabla_3\cdot(\rho_{\mathrm{d}}E_{\mathrm{p}}\boldsymbol{v})-C_{\mathrm{p}\to\mathrm{z}}+\gamma\rho_{\mathrm{d}}\theta'_{\mathrm{m}}(H_{\mathrm{m}}+\mathscr{D}_{\mathrm{m}})+\rho_{\mathrm{d}}J_2 \tag{4.22}$$

$$\frac{\partial}{\partial t}(\rho_{\mathrm{d}}E_{\mathrm{q}})=-\nabla_3\cdot(\rho_{\mathrm{d}}E_{\mathrm{q}}\boldsymbol{v})+C_{\mathrm{z}\to\mathrm{q}}+\rho_{\mathrm{d}}gz(S_{q_t}+\mathscr{D}_{q_t}) \tag{4.23}$$

其中，$C_{\mathrm{e}\to\mathrm{h}}=c_p\rho_{\mathrm{d}}\bar{\theta}\pi'\nabla\cdot\boldsymbol{u}$ 为水平辐散/辐合项，其代表了有效弹性势能(AEE)向水平动能的转换；$C_{\mathrm{z}\to\mathrm{e}}=c_p\rho_{\mathrm{d}}\bar{\theta}w\partial\pi'/\partial z$ 是垂直扰动气压梯度项，其代表了垂直动能(VKE)向有效弹性势能的转换；$C_{\mathrm{p}\to\mathrm{z}}=\rho_{\mathrm{d}}gw\theta'_{\mathrm{m}}/\bar{\theta}$ 是浮力项，其代表了有效位能向垂直动能的转换；$C_{\mathrm{z}\to\mathrm{q}}=\rho_{\mathrm{d}}gwq_{\mathrm{t}}$ 为抬升项，其代表了垂直动能向总湿物质重力势能的转换。$c_p\bar{\rho}_{\mathrm{d}}\bar{\theta}\pi'\boldsymbol{v}=(c_p\bar{\rho}_{\mathrm{d}}\bar{\theta}\pi'\boldsymbol{u},c_p\bar{\rho}_{\mathrm{d}}\bar{\theta}\pi'w)$ 为扰动气压通量，其具有重新分配水平动能和有效弹性势能的作用；$\nabla_3\cdot(\rho_{\mathrm{d}}E\boldsymbol{v})$ 为平流项，其也起着重新分配能量 (E) 的作用。

基于以上能量收支方程，图 4.1 给出了湿大气中有效能量收支和转换的示意图。

从图中可以看出，完全可压缩湿大气中湿有效能量由有效位能(APE)和有效弹性势能两

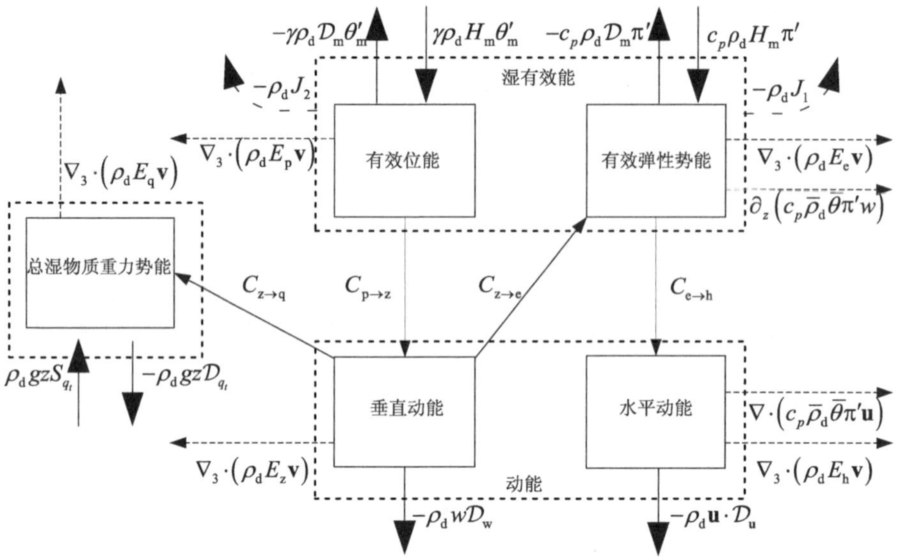

图 4.1 湿大气有效能量收支和转换示意图(粗实箭头代表由非绝热过程和耗散造成的产生机制;粗虚箭头代表绝热非保守过程造成的产生机制;细实箭头代表转换机制;细虚线代表再分配机制。箭头的方向代表正的产生/转换/再分配的方向)

部分构成。在局地能量循环中,湿有效能量一部分用于产生动能,一部分用于抬升水汽至其凝结高度形成降水,导致湿物质重力势能的增加。其中,湿有效位能通过浮力项转化为垂直动能;垂直动能通过垂直扰动气压梯度项转化为有效弹性能;而有效弹性能通过水平辐合辐散项转化为水平动能。非绝热加热(例如潜热加热)可以同时产生有效位能和有效弹性势能:在气压相对较高的区域($\pi'>0$),非绝热加热会增加有效弹性势能;在相对较暖的区域($\theta'_m>0$),非绝热加热会增加有效位能。这里定义的湿有效位能形式可以看成是 Bannon(2005)的干有效位能的扩展(参见其方程(2.20))。但是,不同于 Bannon (2005, 2012),这里所采用的参考态并没有限制于等温的情况,而是高度 z 的任意函数。

4.3 参考态的指定

前面的讨论已经表明,在湿有效能量收支方程(4.21)和(4.22)中,存在两个额外的非保守过程 $J_1(z)$ 和 $J_2(z)$,它们分别作用在有效弹性能和有效位能之上。由于湿有效能量与动能之间的转换过程才是研究的重点,因此一个合适的参考态必须使得这两个非保守过程相对于有效能量和动能之间的转换项在一定程度上是可以忽略不计的。接下来,将进一步讨论如何指定这样的参考态。

为了量化 $J_1(z)$ 和 $J_2(z)$ 的贡献,首先对方程(4.12)和(4.15)重新整理如下:

$$\frac{dE_e}{dt}=c_p\pi'(H_m+D_m)-c_p\bar{\theta}\pi'\left(\nabla\cdot\boldsymbol{u}+\frac{\partial w}{\partial z}\right)+gw\frac{c_v}{R_d}\frac{\pi'}{\bar{\pi}}+J_1(z) \tag{4.24}$$

和

$$\frac{dE_p}{dt}=\gamma\theta'_m(H_m+D_m)-gw\frac{\theta'_m}{\bar{\theta}}+J_2(z) \tag{4.25}$$

基于 c_s^2 的定义，利用静力关系式 $\partial\bar{\pi}/\partial z = -g/(c_p\bar{\theta})$，$J_1(z)$ 可以改写成：

$$J_1(z) = \frac{1}{2}\frac{c_p c_v}{R_d}\pi'^2 w\frac{\partial(\bar{\theta}/\bar{\pi})}{\partial z} = gw\frac{c_v}{R_d}\frac{\pi'}{\bar{\pi}}\left(\frac{\pi'}{\bar{\pi}}C_1\right) \tag{4.26}$$

其中，系数 $C_1 = \frac{1}{2}\frac{c_p}{g}\frac{\partial \overline{T}}{\partial z} + 1$ 且 $\overline{T} = \bar{\pi}\bar{\theta}$。显而易见，项 $\frac{\pi'}{\bar{\pi}}C_1$ 代表了与有效弹性能和动能的转换项（$gw\frac{c_v}{R_d}\frac{\pi'}{\bar{\pi}}$）相比，绝热非保守过程 J_1 的显著性程度。

基于 $\gamma(z)$ 的定义，$J_2(z)$ 也可以改写成：

$$J_2(z) = gw\frac{\theta'_m}{\bar{\theta}}\left(\frac{\theta'_m}{\bar{\theta}}C_2\right) \tag{4.27}$$

其中，系数 $C_2 = \frac{1}{2}\frac{\partial}{\partial z}\left(\frac{\partial \ln\bar{\theta}}{\partial z}\right)^{-1} - 1$。同样地，项 $\frac{\theta'_m}{\bar{\theta}}C_2$ 代表了与有效位能和动能之间的转换项 $\left(gw\frac{\theta'_m}{\bar{\theta}}\right)$ 相比，绝热非保守过程 J_2 的显著性程度。

显然，前面几节中的分析并不依赖于参考态的特殊属性，而只需要参考态是干的、静力平衡且层结稳定。因此，可以选择一些特殊的参考状态使得因子 $C_1 \sim O(1)$ 且 $C_2 \sim O(1)$。举例来说，可以进一步假定参考态是等温的(Bannon，2005)，即 $\overline{T}(z) =$ 常数，此时 $C_1 = 1$ 且 $C_2 = -1$。在这样的情况下，考虑到假定 $\pi' \ll \bar{\pi}$ 和 $\theta'_m \ll \bar{\theta}$，可以得到 $O(J_1) \ll O\left(gw\frac{c_v}{R_d}\frac{\pi'}{\bar{\pi}}\right)$ 和 $O(J_2) \ll O\left(gw\frac{\theta'_m}{\bar{\theta}}\right)$，也就是说，$J_1$ 和 J_2 在一定程度上是可以忽略不计的，且有效能量与动能之间的转换占主导。

总的来说，一个合适的干参考状态应该具有以下四个属性：(i) 满足静力平衡（$\partial\bar{\pi}/\partial z = -g/(c_p\bar{\theta})$）；(ii) 其层结是稳定的（$\partial\bar{\theta}(z)/\partial z > 0$）；(iii) 非线性的（$\partial\bar{\theta}(z)/\partial z \neq \text{const}$）；(iv) $C_1 \sim O(1)$ 且 $C_2 \sim O(1)$。不失一般性地，我们可以假定参考位温（$\bar{\theta}(z)$）具有如下形式：

$$\bar{\theta}(z) = az^3 + bz + c;a > 0,b > 0,c > 0 \tag{4.28}$$

上式中的三个参数 a、b 和 c，可利用 1976 年版美国标准大气(以下简称 USSA)来确定。此标准大气满足静力平衡，大气层顶高延伸到 25 km 高度，且地面气压和温度分别为 1013.25 hPa 和 288.15 K (Bannon，2012)。当高度 $z \leqslant 11$ km 时，其垂直温度递减率为 6.5 K/km；当 $11 < z \leqslant 20$ km 时，其温度递减率为 0；当 $20 < z \leqslant 32$ km 时，其温度递减率为 −1.0 K/km。从地面（$z = 0$）到大气层顶（$z = 25$ km）积分静力平衡方程 $\partial\bar{\pi}/\partial z = -g/(c_p\bar{\theta})$ 并利用状态方程 $\bar{\pi} = (R_d\bar{\rho}_d\bar{\theta}/p_0)^{R_d/c_v}$，可以进一步求得其位温和 Exner 气压。图 4.2 给出了 USSA 中温度(图 4.2a 中实线)、位温(图 4.2b 中实线)和 Exner 气压(图 4.2c 中实线)的垂直廓线。基于美国标准大气的位温廓线，通过最小二乘拟合方法确定参考位温形式(4.28)中的三个参数 a、b 和 c 如下：

$$a = 1.36 \times 10^{-2}\,\mathrm{K/km^3}, b = 5.62\,\mathrm{K/km}, c = 272.14\,\mathrm{K} \tag{4.29}$$

取与 USSA 一样的地面气压，通过积分静力平衡方程并联立状态方程，可以求出此参考位温对应的 Exner 气压和温度。图 4.2 中的虚线给出了该拟合得到的参考态(或称逼近标准大气 approximated standard atmosphere)。为了考察此拟合参考态合适与否，计算了相应的系数 C_1 和 C_2，结果见图 4.3。从图中可见 C_1 的值接近 1 (图 4.3 中粗实线)，C_2 的值接近 −1

（图 4.3 中粗虚线）。因此，该拟合的参考态是合适的。为了对比，图 4.2 中也给出了源于 Bannon (2005) 的等温参考态（点线）。相似地，对于等温参考态，$C_1 = 1$（图 4.3 中细实线）且 $C_2 = -1$（图 4.3 中细虚线），因此，等温参考态也是合适的。

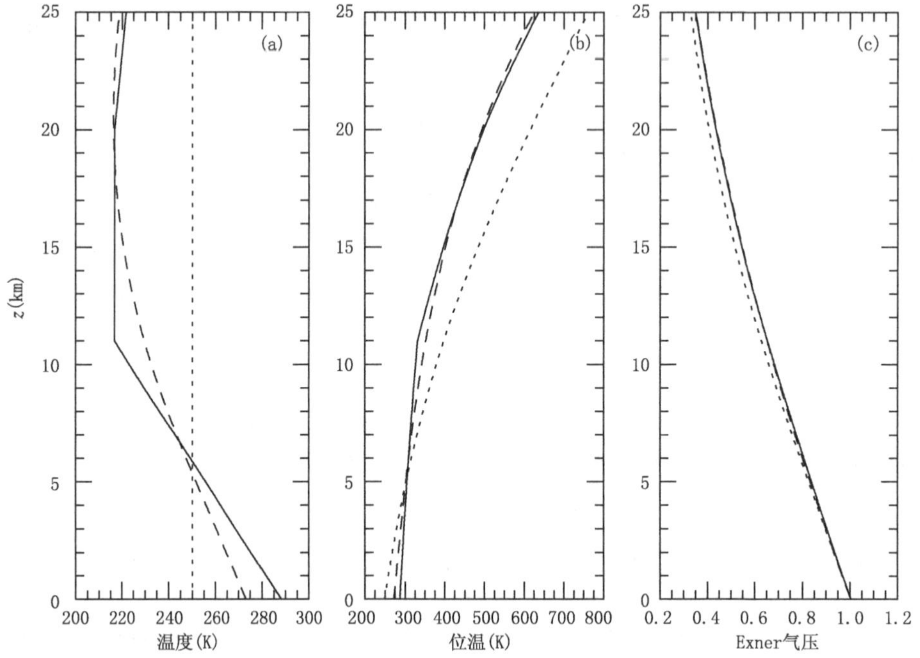

图 4.2 垂直廓线：实线代表 USSA（the *U. S. Standard Atmosphere* 1976）中标准大气，虚线代表基于 USSA 中标准大气拟合得到的参考态，点线代表源自 Bannon (2005) 的等温参考态

（a. 温度，b. 位温，c. Exner 气压）

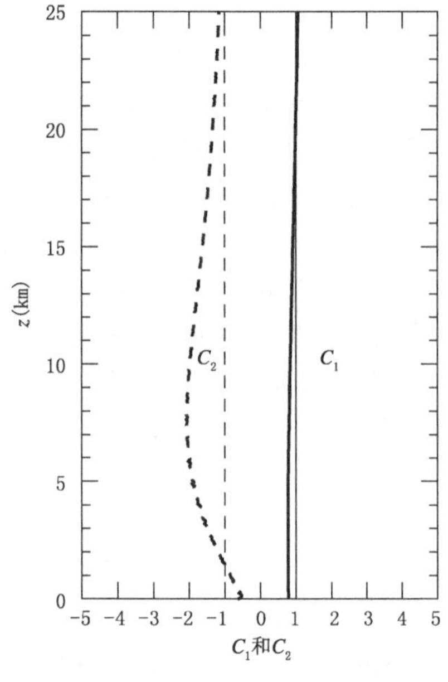

图 4.3 拟合参考态（粗线）和等温参考态（细线）对应的系数 C_1（实线）和 C_2（虚线）

4.4 在理想斜压大气中的应用

为了揭示有效能量学对参考态的依赖性，本节将前面发展的有效能量公式在理想斜压大气中进行了应用，基于以上拟合参考态和等温参考态分别计算了相应的有效能量，并进行了比较。

假定理想斜压大气是纬向均匀的，其构造参见先前关于斜压波的研究(Plougonven 和 Snyder，2007；Waite 和 Snyder，2009)：首先，指定对流层和平流层的初始位涡分布，且对流层和平流层通过预先定义的对流层顶平缓过渡；然后，通过位涡反演方法求得平衡的干动力学变量。在位涡反演过程完成后，基于均一的相对湿度对水汽进行初始化，这里相对湿度取60%。图 4.4 给出了理想斜压大气的垂直剖面，包括位温、Exner 气压、温度和水汽。

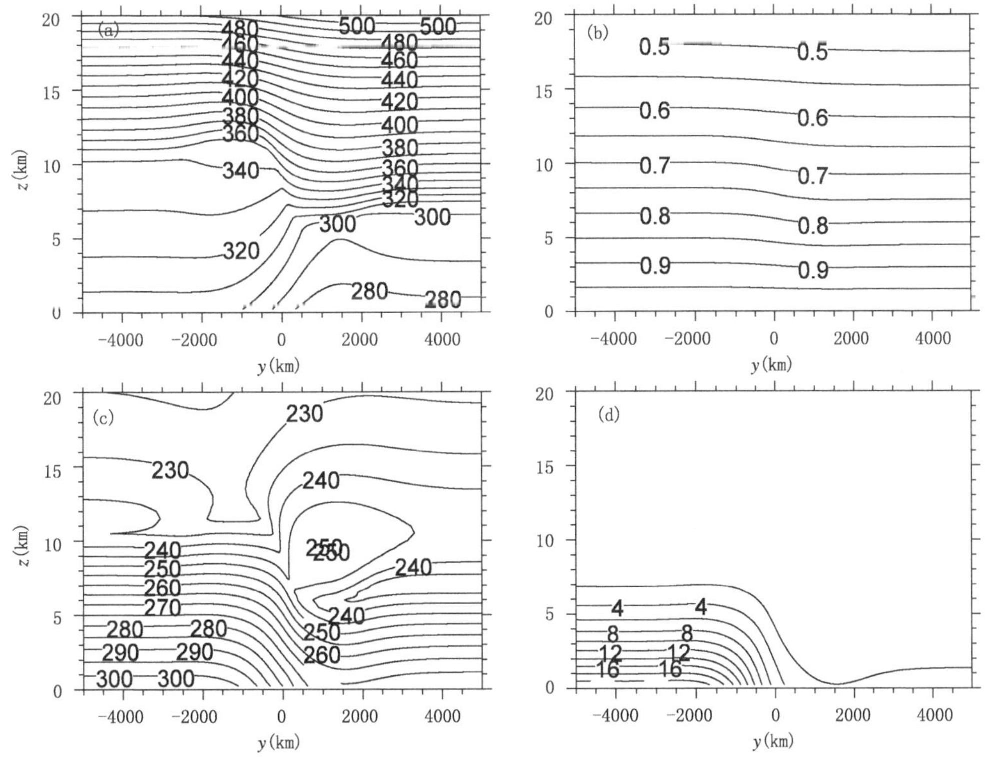

图 4.4　理想斜压大气的垂直剖面

(a. 位温，等值线间隔 10 K；b. Exner 气压，等值线间隔 0.05；c. 温度，等值线间隔 5 K；d. 水汽，等值线间隔 2 g/kg)

为考查有效能量对参考态的依赖性，分别计算了相对于拟合参考态和等温参考态的有效弹性能和有效位能，其空间分布在图 4.5 中给出。对于拟合参考态，其对应的有效弹性能(图 4.5a)随着高度单调增大，因此在平流层达到最大；在 20 km 高度上，有效弹性能的最大值近似为 0.6 kJ/kg。相反，有效位能(图 4.5b)在近地面达到其最大值 5.0 kJ/kg，这是由于近地层理想斜压大气具有最高的温度(图 4.4c)和最多的水汽(图 4.4d)；同时，在 $y=1500$ km 附近的对流层顶以上区域，有效位能还有一个次极大值，这对应于图 4.4c 中的一个相对暖区；而在其他区域，尤其是在 $y=0$ 和 $y=-5000$ km 之间的平流层上（$z \geqslant 15$ km），有效位能的值都很小。对于等温参考态，相应的有效弹性能（图 4.5c）和有效位能（图4.5d）要大得多，尤其是在平流层其有效弹性能差不多比相对于拟合参考态的有效弹性能大 8 倍；而且，有效位能的空间变化（图 4.5d）表现出双峰变化，其峰值对应于斜压大气温度廓线与恒定参考温度之间差异的峰值。这一结果与 Bannon (2012)的结果是相似的。

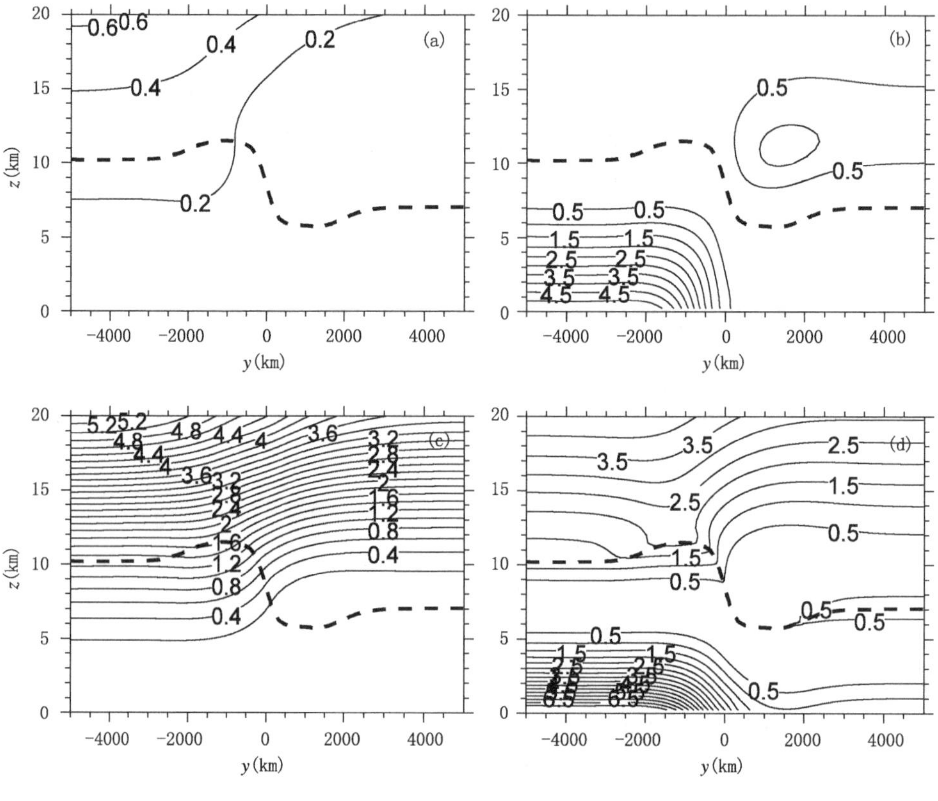

图 4.5　对于理想斜压大气，基于不同参考态计算得到的有效弹性能
(a、c. 等值线间隔 0.2 kJ/kg)和有效位能(b、d，等值线间隔 0.5 kJ/kg)的垂直剖面
虚线表示 2-PVU 对流层顶[1 PVU = 10^{-6} m^{-2} · s^{-1} · K/kg]
(a)，(b)拟合参考态；(c)，(d)等温参考态

有效能量的大小和分布依赖于参考态的选择，有效能量收支方程中的绝热非保守过程 J_1 和 J_2 也与参考态有关，通过选择合适的参考态，可以减小绝热非保守过程对有效能量收支的作用。由上面的分析可知，通过计算 $\pi'/\bar{\pi}C_1$ 和 $\theta'_m/\bar{\theta}C_2$，可以定量地评估绝热非保守过程的贡献。这两项越小，对应的参考态就越合适。图 4.6 给出了基于不同参考态的 $\pi'/\bar{\pi}C_1$ 和 $\theta'_m/\bar{\theta}C_2$ 分布，对比结果发现，相对于等温参考态，拟合参考态下，这两项的值要小得多，尤其是在平流层。具体分析可见，对于拟合参考态，$\pi'/\bar{\pi}C_1$ 的最大绝对值接近 0.04，而对于等温参考态，其最大绝对值达到 0.12；在 $y=0$ 与 $y=-5000$ km 之间的对流层上层，对于拟合参考态 $\theta'_m/\bar{\theta}C_2$ 的值接近为 0，而对于等温参考态 $\theta'_m/\bar{\theta}C_2$ 却达到其最大值 0.2。因此，相对于拟合参考态，在基于等温参考态的局地有效能量循环中绝热非保守过程 J_1 和 J_2 的贡献更加显著。由于在大气能量循环和收支分析中，有效能量与动能之间的转换是有效能量学关注的重点，因此，相对

于等温参考态，拟合参考态更合适于局地有效能量分析。

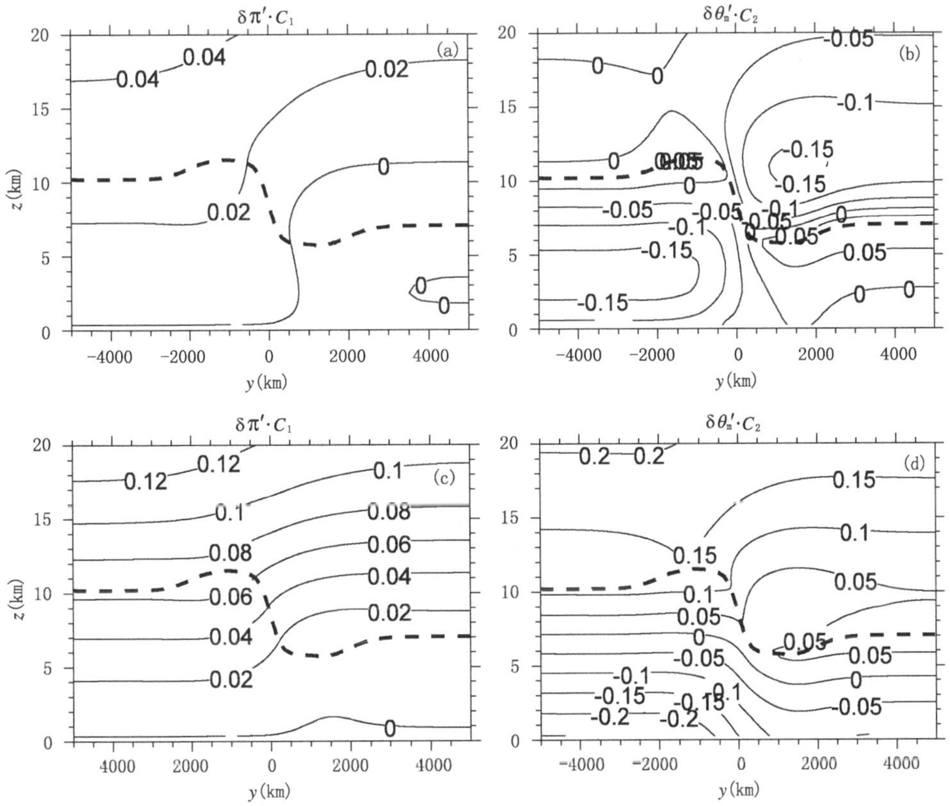

图 4.6　基于不同参考态计算得到的项 $\delta\pi'\cdot C_1$（等值线间隔 0.02）和项 $\delta\theta'_m\cdot C_2$（等值间隔 0.05）的垂直分布。这里 $\delta\pi'=\pi'/\bar{\pi}$ 且 $\delta\theta'_m=\theta'_m/\bar{\theta}$，虚线表示 2-PVU 对流层顶

(a)，(b)拟合参考态；(c)，(d)等温参考态

4.5　小结

本章的主要工作是在一般的非静力可压缩湿大气中，定义了湿有效能量，推导了局地湿有效能量收支方程，并讨论了湿有效能量大小对参考态选择的依赖性以及合适参考态的指定问题。

基于第 2 章中引入的修改位温，给出了具有正定性质的湿有效位能的表达式，并定义了具有正定性质的有效弹性能，二者之和构成了湿大气有效能量。在非静力可压缩湿大气的局地能量循环中，非绝热加热（如潜热加热）可以产生湿有效能量，而湿有效能量一部分用于产生动能，一部分用于抬升水汽至其凝结高度形成降水，导致湿物质重力势能的增加。其中，湿有效位能通过浮力项转化为垂直动能；垂直动能通过垂直扰动气压梯度项转化为有效弹性能；而有效弹性能通过水平辐合辐散项转化为水平动能。增加的湿物质重力位能在很大程度上被降水相关过程耗散掉（Pauluis et al.，2000）。因此，湿大气不能被看成完美热机（perfect heat engine）。

从能量收支和循环的角度看，大气中的湿物质以三种不同的方式影响着有效能量循环。首先，水汽非均匀分布的影响，这体现在局地湿有效位能的表达式中包含了水汽分布；其次，水汽相变的影响，这体现在局地湿有效位能的变化必须同时考虑湿对流作为潜热加热源和大气"减湿器"的双重作用；最后，湿物质本身具有重力势能，增加的湿物质重力势能被与降水相关的过程耗散掉。

与已有的大多数研究(Bannon,2005, 2012)不同，这里定义的有效能量只要求其参考态满足于静力平衡且具有稳定的层结，不依赖于参考态的其他特殊属性。需要注意的是，在有效能量收支方程中，存在两个额外的非保守过程 J_1 和 J_2，二者分别作用在有效弹性能和有效位能之上。但是通过选择合适的参考态，可使 $C_1 \sim O(1)$ 且 $C_2 \sim O(1)$，从而使得这两个绝热非保守过程的作用就可远小于有效能量和动能的转换，以致可以忽略不计。

作为一个例子，4.3 节展示了如何指定这样一个合适的参考态。此参考态是基于 1976 年版美国标准大气，利用非线性最小二乘拟合方法得到的(简称拟合的参考态或逼近的标准大气)。研究表明此拟合参考态与等温参考态都可以使得 $C_1 \sim O(1)$ 且 $C_2 \sim O(1)$。但是，在理想斜压大气中的应用表明基于此拟合参考态计算得到的有效位能和有效弹性能要比基于等温参考态计算得到的小得多，尤其是在平流层。更重要的是，在局地能量循环分析中，与拟合参考态对应的绝热非保守过程 J_1 和 J_2 的显著程度要远小于与等温参考态对应的。由于能量循环研究关注的是有效能量与动能的转换，因此这说明了拟合参考态更适合于局地有效能量分析，也进一步证明了本章给出的有效能量的定义及推导的能量收支方程的价值。

本章发展的非静力湿大气有效能量理论，重点解决了湿物质(水汽和凝结物)在大气能量循环中的作用以及非静力的影响，但是还未涉及到大气运动的另一个重要特点：多尺度特征。因此，为了进一步研究不同尺度(或波数)上能量的产生和转换规律和不同尺度之间能量的串级规律，下一章将在本章的基础上进一步发展相应的动能和湿有效位能的谱收支方程。

第 5 章　非静力湿大气能量谱收支方程

5.1 引言

大气运动具有多尺度特征，能量谱收支分析(spectral energy budget analysis)能够为研究不同尺度间的能量串级和不同尺度上的能量转换提供更多的物理视角(Fjørtoft，1953)，尤其是在中尺度范围上。观测研究(Nastrom 和 Gage，1985；Cho et al.，1999)已经表明在对流层高层和平流层低层中，水平动能谱和有效位能谱在中尺度范围上(～20－2000 km)均表现出一个明显的谱转折特征。在中尺度范围低端，即对应波长小于 500 km 的波数范围，谱表现出 $k_h^{-5/3}$ 依赖关系；而在尺度近似大于 500 km 的波数范围，谱表现出 k_h^{-3} 依赖关系，这里 k_h 为总的水平波数。观测的－3 幂次律可以很好地用准地转湍流理论解释，但是中尺度 $k_h^{-\frac{5}{3}}$ 谱行为的动力学机制仍然是一个具有重大争议的问题(Lindborg，2005，2007；Tulloch 和 Smith，2009)。

中尺度能量谱的形成机理可以通过能量谱收支分析来进行研究。然而，受限于以往的有效能量理论的发展，过去研究中所采用的能量谱收支公式存在许多缺点。其局限性主要体现在以下几个方面：1)大多数能量谱收支公式是基于静力平衡假设推导的，因此不适用于中尺度对流系统；(2)大部分研究没有考虑水汽和凝结物的作用 (Augier 和 Lindborg，2013)，而只有少数研究考虑了湿过程在建立中尺度能量谱中的作用(Hamilton et al.，2008；Waite 和 Snyder，2013)；(3)大多数研究只考查了动能谱的收支，忽略了有效位能谱收支(Koshyk 和 Hamilton，2001；Waite 和 Snyder，2009)；(4)非线性谱通量包含了垂直通量的作用，使得中尺度范围上的能量串级不能精确地确定(Koshyk 和 Hamilton，2001；Brune 和 Becker，2013)。为此，本章将在上一章发展的非静力湿大气有效能量的基础上，推导适合研究非静力湿大气的能量谱收支公式。

本章的结构安排如下：5.2 节回顾了第 2 章推导的假不可压缩控制方程组，并分析了其能量转换性质；5.3 节介绍了水平波数谱的计算方法；5.4 节给出了水平动能谱、垂直动能谱和湿有效位能谱的定义，并推导了相应的能量谱收支方程；5.5 节进一步讨论了非线性项的分解；5.6 节讨论了一维总水平波数谱的构造和相应的谱收支方程；5.7 节给出本章小结。

5.2 湿假不可压缩系统的能量分析

为了简化研究，同时也不失问题研究的主要方面(深湿对流和重力波传播)，这里利用第2章得到的湿假不可压缩控制方程组，推导更适合研究非静力湿大气的能量谱收支方程。湿假不可压缩运动控制方程组表达如下。

$$\frac{\partial \boldsymbol{u}}{\partial t} = -\left(\boldsymbol{u}\cdot\nabla\boldsymbol{u} + w\frac{\partial \boldsymbol{u}}{\partial z}\right) - c_p\bar{\theta}\nabla\pi' - f\boldsymbol{k}\times\boldsymbol{u} + D_{\mathrm{u}} \tag{5.1}$$

$$\frac{\partial w}{\partial t} = -\left(\boldsymbol{u}\cdot\nabla w + w\frac{\partial w}{\partial z}\right) - c_p\bar{\theta}\frac{\partial \pi'}{\partial z} + \frac{\theta'_{\mathrm{m}}}{\bar{\theta}}g - gq_{\mathrm{t}} + D_{\mathrm{w}} \tag{5.2}$$

$$\frac{\partial \theta'_{\mathrm{m}}}{\partial t} = -\left(\boldsymbol{u}\cdot\nabla\theta'_{\mathrm{m}} + w\frac{\partial \theta'_{\mathrm{m}}}{\partial z}\right) - w\frac{\partial\bar{\theta}}{\partial z} + H_{\mathrm{m}} + D_{\mathrm{m}} \tag{5.3}$$

$$\frac{1}{\bar{\rho}_{\mathrm{d}}\bar{\theta}}\frac{\partial\bar{\rho}_{\mathrm{d}}\bar{\theta}w}{\partial z} + \nabla\cdot\boldsymbol{u} = \frac{H_{\mathrm{m}}}{\bar{\theta}} \tag{5.4}$$

$$\frac{\mathrm{d}q_j}{\mathrm{d}t} = S_{q_j} + D_{q_j} \tag{5.5}$$

式中各项的物理意义见第2章。

在推导能量谱收支方程之前，先对湿假不可压缩系统的有效能量转换进行分析。

单位质量的水平动能定义为 $E_{\mathrm{h}} = \boldsymbol{u}\cdot\boldsymbol{u}/2$；单位质量的垂直动能定义为 $E_{\mathrm{z}} = w^2/2$；单位质量的湿有效位能定义为 $E_{\mathrm{A}} = \gamma(z)\theta'^2_{\mathrm{m}}/2$，式中 $\gamma(z) = g^2/(N^2\bar{\theta}^2)$ 且 $N^2 = g\partial\ln\bar{\theta}/\partial z$ 为Brunt-Väisälä 频率；单位质量总湿物质重力势能定义为 $E_{\mathrm{q}} = q_{\mathrm{t}}gz$。注意，为了与以往研究的表述一致，这里湿有效位能的表示符号改记为 E_{A}。根据第4章的推导，这4种能量的收支方程可以表达为：

$$\frac{\mathrm{d}E_{\mathrm{h}}}{\mathrm{d}t} = -\frac{1}{\bar{\rho}_{\mathrm{d}}}\nabla\cdot(c_p\bar{\rho}_{\mathrm{d}}\bar{\theta}\pi'\boldsymbol{u}) + c_p\bar{\theta}\pi'\nabla\cdot\boldsymbol{u} + \boldsymbol{u}\cdot D_{\mathrm{u}} \tag{5.6}$$

$$\frac{\mathrm{d}E_{\mathrm{z}}}{\mathrm{d}t} = -c_p\bar{\theta}w\frac{\partial\pi'}{\partial z} + \frac{\theta'_{\mathrm{m}}}{\bar{\theta}}gw - gwq_{\mathrm{t}} + wD_{\mathrm{w}} \tag{5.7}$$

$$\frac{\mathrm{d}E_{\mathrm{A}}}{\mathrm{d}t} = -\frac{\theta'_{\mathrm{m}}}{\bar{\theta}}gw + \gamma\theta'_{\mathrm{m}}H_{\mathrm{m}} + \gamma\theta'_{\mathrm{m}}D_{\mathrm{m}} + J(z) \tag{5.8}$$

$$\frac{\mathrm{d}E_q}{\mathrm{d}t} = gz(S_{q_t} + D_{q_t}) + gwq_{\mathrm{t}} \tag{5.9}$$

式中，$J(z) = \frac{1}{2}\theta'^2_{\mathrm{m}}w\frac{\partial\gamma}{\partial z}$也就是第4章中对应方程(4.15)中的 $J_2(z)$ 项，只是表示符号不同。

对湿假不可压缩方程(5.4)两边同时乘以 $c_p\bar{\theta}\pi'$，得：

$$c_p\bar{\theta}\pi'\nabla\cdot\boldsymbol{u} = -\frac{c_p\pi'}{\bar{\rho}_{\mathrm{d}}}\frac{\partial\bar{\rho}_{\mathrm{d}}\bar{\theta}w}{\partial z} + c_p\pi'H_{\mathrm{m}} \tag{5.10}$$

将式(5.10)代入式(5.6)中可以得到：

$$\frac{\mathrm{d}E_{\mathrm{h}}}{\mathrm{d}t} = -\frac{1}{\bar{\rho}_{\mathrm{d}}}\nabla_3\cdot(c_p\bar{\rho}_{\mathrm{d}}\bar{\theta}\pi'\boldsymbol{v}) + c_p\bar{\theta}w\frac{\partial\pi'}{\partial z} + c_p\pi'H_{\mathrm{m}} + \boldsymbol{u}\cdot D_{\mathrm{u}} \tag{5.11}$$

根据方程(5.7)、(5.8)、(5.9)和(5.11)，在湿假不可压缩系统中，有效能量之间的转换关系见图5.1。

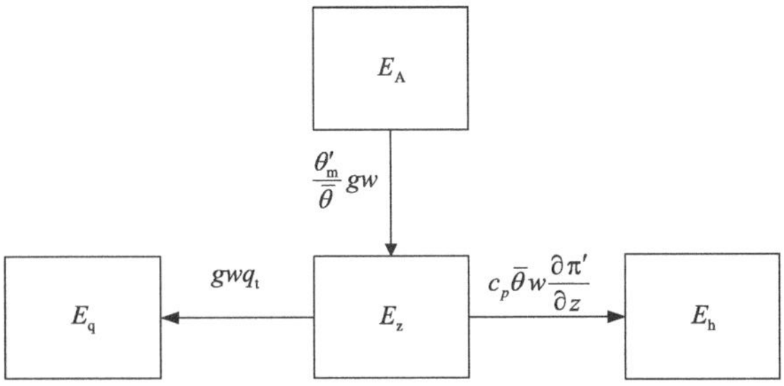

图 5.1　湿假不可压缩系统中不同形式能量之间的转换关系示意图

对比图 5.1 和图 4.1 可以看出，取假不可压缩近似等价于切断了有效弹性能与动能之间的转换，其等价效果为：垂直动能直接转换为水平动能，而原本作用在有效弹性能上的非绝热源汇项也都直接作用在水平动能上。因此，在假不可压缩系统中，实际上是忽略了有效弹性能的变化。

如果对转换项 $\frac{\theta'_m}{\bar{\theta}}gw$ 作如下等价数学变换，即

$$\frac{\theta'_m}{\bar{\theta}}gw=\left(\frac{\theta'_m}{\bar{\theta}}gw-c_p\bar{\theta}w\frac{\partial\pi'}{\partial z}-gwq_t\right)+c_p\bar{\theta}w\frac{\partial\pi'}{\partial z}+gwq_t \tag{5.12}$$

可以得到不同能量形式之间转换的另一种表现形式，见图 5.2。

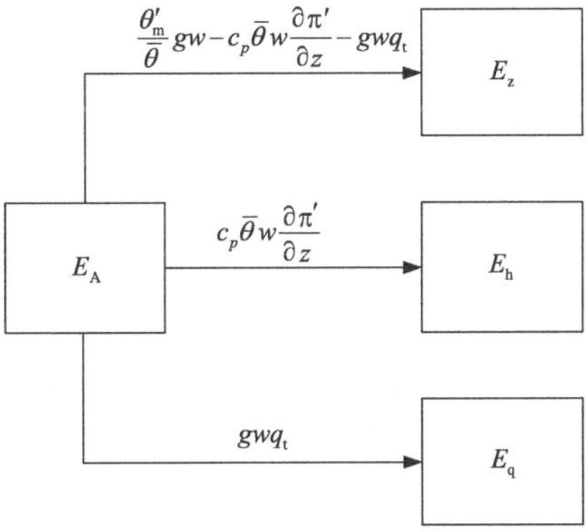

图 5.2　湿假不可压缩系统中不同形式能量之间的转换关系另一种等价形式

图 5.2 所表达的物理含义为：在湿大气中，湿有效位能一部分转换为垂直动能，一部分转换为水平动能，一部分用于抬升湿物质至凝结高度，转换为湿物质的重力势能。这一表述强调了能量转换的最终效果。

5.3　谱的计算方法

在具有周期边界条件和均匀网格距的有限区域上，物理变量的谱展开一般是基于二维离散傅里叶变换(two-dimensional discrete Fourier transform，以下简称 DFT)计算得到的。但是，在实际的计算过程中，有限区域上气象场变量往往是非周期的，因此直接使用 DFT 变换计算谱展开会造成小尺度波段上谱值的虚假上翘。因此，为了避免有限区域上气象场的非周期

性引起的大尺度向小尺度的谱偏移，在执行 DFT 变换前，需要对原始场进行预处理。Errico (1955)提出通过去除线性倾向的方法使得有限区域气象场周期化，然后再作 DFT 变换。另一个常用方法为在作 DFT 变换前对原始场作用一个权重函数，此方法称为"窗口技术"，具体做法为：将原始场乘以一个具有相同维数大小且在中心子区域值为 1 而靠近区域边界值为 0 的权重场。这些方法虽然在一程度上改善了小尺度谱值的虚假上翘现象，但是都不可避免地改变了原始场所包含的信息。Denis 等(2002) 提出了使用二维离散余弦变换 (two－dimensional discrete cosine transform，以下简称 DCT) 来对有限区域气象场进行谱分析，该方法不需要周期化气象场，可以直接用于非周期的气象场，并且能够有效地避免虚假上翘现象。

实际上，在有限区域 $L_x \times L_y$ 上，无论原始场变量 $\varphi(i,\ j)$ 是否是周期的，都可以进行如下拓展：先对原始场 $\varphi(i,\ j)$ 在 y 方向进行偶拓展获得以 $2L_y$ 为周期的周期场，然后再在 x 方向进行偶拓展获得以 $2L_x$ 为周期的周期场；这样的对称变换后再执行 DFT，其精确地等价于直接对原始场 $\varphi(i,\ j)$ 进行 DCT 变换。因此，在下文中，谱的计算是直接通过 DCT 变换得到的。

考虑有限区域上的二维物理量场 $\varphi(i,\ j)$，其区域大小为 $L_x \times L_y$，水平方向格点数分别为 $N_i \times N_j$，格距为 $\Delta = \Delta x = \Delta y$。记 $\hat{\varphi}(\boldsymbol{k})$ 为场变量 φ 的 DCT 变换，这里 $\boldsymbol{k} = (k_x, k_y)$ 为水平波数矢量，其中 $k_x = \dfrac{\pi}{\Delta}\dfrac{m}{N_i}, k_y = \dfrac{\pi}{\Delta}\dfrac{n}{N_j}, m = 0,1,2,3,\cdots,N_i - 1$，$n = 0,1,2,3,\cdots,N_j - 1$。根据 DCT 的性质，有 $\hat{\varphi}(\boldsymbol{k})^* = \hat{\varphi}(\boldsymbol{k})$，即谱系数 $\hat{\varphi}(\boldsymbol{k})$ 只有实部没有虚部。

为了方便，对于两个标量场 a 和 b，定义：

$$(a,b)_{\boldsymbol{k}} \equiv \mathscr{R}\{\hat{a}(\boldsymbol{k})^* \hat{b}(\boldsymbol{k})\} = \hat{a}(\boldsymbol{k})\hat{b}(\boldsymbol{k}) \tag{5.13}$$

对于两个矢量场 $\boldsymbol{a}$ 和 $\boldsymbol{b}$，定义：

$$(\boldsymbol{a},\boldsymbol{b})_{k} \equiv \mathscr{R}\{\hat{\boldsymbol{a}}(\boldsymbol{k})^* \cdot \hat{\boldsymbol{b}}(\boldsymbol{k})\} = \hat{\boldsymbol{a}}(\boldsymbol{k}) \cdot \hat{\boldsymbol{b}}(\boldsymbol{k}) \tag{5.14}$$

这里 * 表示复共轭，$\mathscr{R}$ 表示取实部。

5.4　能量谱定义及能量谱收支方程

5.4.1　水平动能谱的定义及其收支方程

单位质量水平动能(HKE)谱定义为：

$$E_{\mathrm{h}}(\boldsymbol{k}) = \frac{(\boldsymbol{u},\boldsymbol{u})_{k}}{2} \tag{5.15}$$

上式两边同时对时间求偏导，可以得到：

$$\frac{\partial}{\partial t}E_{\mathrm{h}}(\boldsymbol{k}) = \left(\boldsymbol{u},\frac{\partial \boldsymbol{u}}{\partial t}\right)_{\boldsymbol{k}} \tag{5.16}$$

将式(5.1)代入式(5.16)中，水平动能(HKE)谱收支方程可以写成如下形式：

$$\frac{\partial}{\partial t}E_{\mathrm{h}}(\boldsymbol{k}) = T_{\mathrm{h}}(\boldsymbol{k}) + P(\boldsymbol{k}) + D_{\mathrm{h}}(\boldsymbol{k}) \tag{5.17}$$

其中，$T_{\mathrm{h}}(\boldsymbol{k})$ 是非线性作用所造成的 HKE 倾向谱(简称非线性项)，反映了水平平流和垂直对流所造成的能量转移，其表达式为：

$$T_{\mathrm{h}}(\boldsymbol{k}) = -(\boldsymbol{u}, \boldsymbol{u} \cdot \nabla \boldsymbol{u} + w\partial_z \boldsymbol{u})_k \tag{5.18}$$

$P(\boldsymbol{k})$ 是水平气压梯度力所造成的 HKE 倾向谱(简称气压项),其表达式为:

$$P(\boldsymbol{k}) = -(\boldsymbol{u}, c_p\bar{\theta}\,\nabla \pi')_k \tag{5.19}$$

$D_h(\boldsymbol{k})$ 是耗散所造成的 HKE 倾向谱(简称耗散项):

$$D_{\mathrm{h}}(\boldsymbol{k}) = (\boldsymbol{u}, D_u)_k \tag{5.20}$$

为了使得 HKE 谱收支方程(5.17)可以提供更多的物理视角,气压项 $P(\boldsymbol{k})$ 可以作进一步分解(具体的推导见本章附录):

$$P(\boldsymbol{k}) = H_{\mathrm{h}}(\boldsymbol{k}) + \frac{1}{\bar{\rho}_{\mathrm{d}}}\frac{\partial F_{p\uparrow}(\boldsymbol{k})}{\partial z} + C_{\mathrm{A}\to\mathrm{h}}(\boldsymbol{k}) \tag{5.21}$$

其中,右边第一项为非绝热影响,包括作用在位温和水汽两者上的非绝热贡献,其代表了非绝热加热直接的效应,具体表达式为:

$$H_{\mathrm{h}}(\boldsymbol{k}) = c_p(H_{\mathrm{m}}, \pi')_k \tag{5.22}$$

第二项为气压垂直通量的垂直散度(简称气压通量散度 pressure flux divergence),反映了重力惯性波(IGWs)能量的垂直通量,其中气压垂直通量的表达式为:

$$F_{p\uparrow}(\boldsymbol{k}) = -c_p\bar{\rho}_d\bar{\theta}(w, \pi')_k \tag{5.23}$$

而第三项为浮力通量的一部分,代表了波数 $\boldsymbol{k}$ 上有效位能向水平动能的转换,即

$$C_{\mathrm{A}\to\mathrm{h}}(\boldsymbol{k}) = c_p\bar{\theta}\left(w, \frac{\partial \pi'}{\partial z}\right)_k \tag{5.24}$$

因此,单位质量 HKE 谱收支方程可以进一步写为:

$$\frac{\partial}{\partial t}E_{\mathrm{h}}(\boldsymbol{k}) = T_{\mathrm{h}}(\boldsymbol{k}) + \frac{1}{\bar{\rho}_d}\frac{\partial F_{p\uparrow}(\boldsymbol{k})}{\partial z} + C_{\mathrm{A}\to\mathrm{h}}(\boldsymbol{k}) + H_{\mathrm{h}}(\boldsymbol{k}) + D_{\mathrm{h}}(\boldsymbol{k}) \tag{5.25}$$

5.4.2　垂直动能谱的定义及其收支方程

大尺度运动中水平动能分量占主导,但是垂直动能分量的贡献随着尺度的减小而增加(Bierdel et al.,2012),尤其是在中尺度对流系统中(例如,梅雨锋系统、热带气旋等),垂直速度甚至可以达到水平速度的量级。

单位质量的垂直动能(VKE)谱定义为:

$$E_z = \frac{(w, w)_k}{2} \tag{5.26}$$

上式两边同时对时间求偏导,得

$$\frac{\partial}{\partial t}E_z(\boldsymbol{k}) = \left(w, \frac{\partial w}{\partial t}\right)_k \tag{5.27}$$

将式(5.2)代入式(5.27)中,得

$$\frac{\partial}{\partial t}E_z(\boldsymbol{k}) = T_z(\boldsymbol{k}) + C_{\mathrm{A}\to z}(\boldsymbol{k}) + D_z(\boldsymbol{k}) \tag{5.28}$$

式中,$T_z(\boldsymbol{k})$ 是非线性作用所造成的 VKE 倾向谱,反映了水平平流和垂直对流所造成的垂直动能的转移,表达式为:

$$T_z(\boldsymbol{k}) = -(w, \boldsymbol{u} \cdot \nabla w + w\partial_z w)_k \tag{5.29}$$

$C_{\mathrm{A}\to z}(\boldsymbol{k})$ 为湿有效位能向垂直动能的转换项,具体表达式为:

$$C_{\mathrm{A}\to z}(\boldsymbol{k}) = g(w, \theta'_m)_k/\bar{\theta} - c_p\bar{\theta}(w, \partial_z \pi')_k - g(w, q_{\mathrm{t}})_k \tag{5.30}$$

$D_z(\boldsymbol{k}) = (w, D_w)_k$ 为耗散项。

5.4.3 湿有效位能谱的定义及其收支方程

单位质量的湿有效位能谱(MAPE)定义为

$$E_{\mathrm{A}}(\boldsymbol{k}) = \gamma(z) \frac{(\theta'_{\mathrm{m}}, \theta'_{\mathrm{m}})_k}{2} \tag{5.31}$$

上式两边同时对时间求偏导,得

$$\frac{\partial}{\partial t} E_{\mathrm{A}}(\boldsymbol{k}) = \gamma(z) \left(\theta'_{\mathrm{m}}, \frac{\partial \theta'_{\mathrm{m}}}{\partial t}\right)_k \tag{5.32}$$

将式(5.3)代入(5.32)中,MAPE 谱收支方程可以写成如下形式:

$$\frac{\partial}{\partial t} E_{\mathrm{A}}(\boldsymbol{k}) = T_{\mathrm{A}}(\boldsymbol{k}) - C(\boldsymbol{k}) + H_{\mathrm{A}}(\boldsymbol{k}) + D_{\mathrm{A}}(\boldsymbol{k}) \tag{5.33}$$

上式右边各项分别为相应的非线性项、MAPE 向其他形式能量的转换项、非绝热加热项以及耗散项。这些项的具体表达式如下:

$$T_{\mathrm{A}}(\boldsymbol{k}) = -\gamma(z) (\theta'_m, \boldsymbol{u} \cdot \nabla \theta'_{\mathrm{m}} + w \partial_z \theta'_{\mathrm{m}})_k \tag{5.34}$$

$$C(\boldsymbol{k}) = g(w, \theta'_{\mathrm{m}})_k / \bar{\theta} \tag{5.35}$$

$$H_{\mathrm{A}}(\boldsymbol{k}) = \gamma(z) (H_{\mathrm{m}}, \theta'_{\mathrm{m}})_k \tag{5.36}$$

$$D_{\mathrm{A}}(\boldsymbol{k}) = \gamma(z) (\theta'_{\mathrm{m}}, D_m)_k \tag{5.37}$$

对比式(5.24)、(5.30)和(5.35),有如下关系成立:

$$C(\boldsymbol{k}) = C_{\mathrm{A \to h}}(\boldsymbol{k}) + C_{\mathrm{A \to z}}(\boldsymbol{k}) + C_{\mathrm{A \to q}}(\boldsymbol{k}) \tag{5.38}$$

其中,$C_{\mathrm{A \to q}}(\boldsymbol{k}) = g(w, q_t)_k$ 为湿有效位能向总的湿物质重力势能(E_q)的谱转换项。

基于以上方程,图 5.3 总结了一般湿大气能量谱收支中不同分量之间的关系。在非静力湿大气系统中,湿有效位能只有部分用来产生动能,还有一部分用来抬升湿物质到其发生凝结形成降水的高度,即增加了湿物质的重力势能。

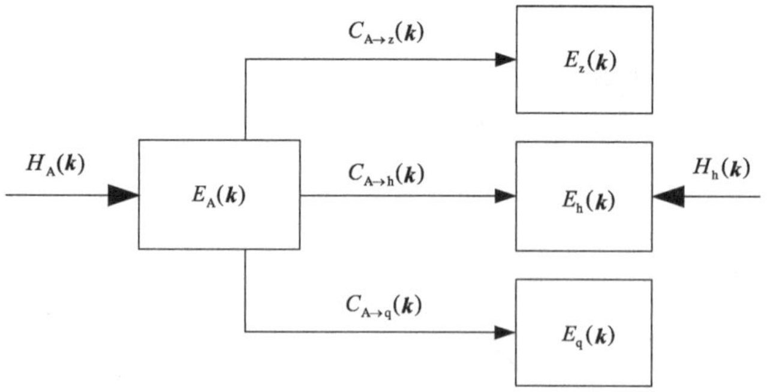

图 5.3 能量谱收支中不同分量之间的关系示意图(粗箭头表示能量产生机制,细箭头表示转换机制,箭头的方向指示正的转换/产生的方向)

方程(5.25)、(5.28)和(5.33)即构成了一个新的适合于非静力湿大气的能量谱收支公式。

5.5　非线性项的进一步分解

由于大气流场中垂直通量和散度分量的存在，在能量谱收支方程中的非线性项 $T_h(\boldsymbol{k})$ … $T_z(\boldsymbol{k})$ 和 $T_A(\boldsymbol{k})$ 并不只表现为重新分配不同尺度间能量的作用，还包含了垂直通量和散度分量造成的能量输送和转换作用。Augier 和 Lindborg(2013)针对动能和有效位能，发展了一个新的能量谱收支公式，其最重要的改进是从非线性项中将垂直通量精确地分离出来，从而得到反映能量串级的尺度间(between-scale)谱转移项。不过，这个公式仍然受限于静力平衡框架，且未能完整地考虑湿过程的作用。受 Augier 和 Lindborg(2013)研究的启发，以上得到的非静力湿大气能量谱收支方程中的非线性项也可作进一步分解，即将垂直通量项和散度分量项与尺度间的谱转移项分离开来。

对于非线性项 $T_A(\boldsymbol{k})$，具体可分解如下：

$$\begin{aligned}T_A(\boldsymbol{k}) &= -\gamma(z)(\theta'_m, \boldsymbol{u}\cdot\nabla\theta'_m + w\partial_z\theta'_m)_k \\ &= -\gamma(\theta'_m, \boldsymbol{u}\cdot\nabla\theta'_m + \theta'_m\nabla\cdot\boldsymbol{u}/2)_k - \gamma(\theta'_m, w\partial_z\theta'_m + \partial_z(w\theta'_m) - \theta'_m\partial_z w - \theta'_m\nabla\cdot\boldsymbol{u})_k/2 \\ &= -\gamma(\theta'_m, \boldsymbol{u}\cdot\nabla\theta'_m + \theta'_m\nabla\cdot\boldsymbol{u}/2)_k + \gamma[(\partial_z\theta'_m, w\theta'_m)_k - (\theta'_m, w\partial_z\theta'_m)_k]/2 \\ &\quad - \frac{\partial[\gamma(\theta'_m, w\theta'_m)_k/2]}{\partial z} + \gamma(\theta'_m, \theta'_m(\partial_z w + \nabla\cdot\boldsymbol{u}))_k/2 + \frac{\partial\ln\gamma}{\partial z}[\gamma(\theta'_m, w\theta'_m)_k/2]\end{aligned} \tag{5.39}$$

上式可简单地记为：

$$T_A(\boldsymbol{k}) = t_A(\boldsymbol{k}) + \partial_z F_{A\uparrow}(\boldsymbol{k}) + Div_A(\boldsymbol{k}) + J_A(\boldsymbol{k}) \tag{5.40}$$

式中，$t_A(\boldsymbol{k})$ 为非线性相互作用造成的尺度间的谱转移项(spectral transfer term)，

$$t_A(\boldsymbol{k}) = -\gamma(\theta'_m, \boldsymbol{u}\cdot\nabla\theta'_m + \theta'_m\nabla\cdot\boldsymbol{u}/2)_k + \gamma[(\partial_z\theta'_m, w\theta'_m)_k - (\theta'_m, w\partial_z\theta'_m)_k]/2 \tag{5.41}$$

$F_{A\uparrow}(\boldsymbol{k})$ 为湿有效位能的垂直通量项，

$$F_{A\uparrow}(\boldsymbol{k}) = -\gamma(\theta'_m, w\theta'_m)_k/2 \tag{5.42}$$

$Div_A(\boldsymbol{k})$ 为三维散度造成的谱倾向项(简称 3D 散度项)

$$Div_A(\boldsymbol{k}) = \gamma(\theta'_m, \theta'_m(\partial_z w + \nabla\cdot\boldsymbol{u}))_k/2 \tag{5.43}$$

$J(\boldsymbol{k})$ 为绝热非保守项

$$J_A(\boldsymbol{k}) = -F_{A\uparrow}(\boldsymbol{k})\partial_z\ln\gamma \tag{5.44}$$

容易证明所有波数矢量 $\boldsymbol{k}$ 上 $t_A(\boldsymbol{k})$ 的和等于 $-\gamma\int_S\nabla\cdot(\boldsymbol{u}|\theta'_m|^2/2)\mathrm{d}S = -\int_L\frac{\gamma}{2}|\theta'_m|^2\boldsymbol{u}\cdot\boldsymbol{n}\mathrm{d}L$，式中 S 表示水平区域，L 代表水平区域 S 的侧边界，$\boldsymbol{n}$ 表示平行于侧边界外法线方向的单位矢量。如果水平区域 S 为全球区域或者具有双周期边界条件的有限区域，那么就有 $-\gamma\int_S\nabla\cdot(\boldsymbol{u}|\theta'_m|^2/2)\mathrm{d}S = 0$，这意味着此时在给定区域上谱转移项 $t_A(\boldsymbol{k})$ 是严格守恒的，且只起着重新分配不同尺度间有效位能的作用，因此称之为湿有效位能的“谱转移项”。

对于非线性项 $T_h(\boldsymbol{k})$，具体分解如下：

$$\begin{aligned}T_h(\boldsymbol{k}) &= -(\boldsymbol{u}, \boldsymbol{u}\cdot\nabla\boldsymbol{u} + w\partial_z\boldsymbol{u})_k \\ &= -(\boldsymbol{u}, \boldsymbol{u}\cdot\nabla\boldsymbol{u} + \boldsymbol{u}\nabla\cdot\boldsymbol{u}/2)_k - (\boldsymbol{u}, w\partial_z\boldsymbol{u} + \partial_z(w\boldsymbol{u}) - \boldsymbol{u}\partial_z w - \boldsymbol{u}\nabla\cdot\boldsymbol{u})_k/2 \\ &= -(\boldsymbol{u}, \boldsymbol{u}\cdot\nabla\boldsymbol{u} + \boldsymbol{u}\nabla\cdot\boldsymbol{u}/2)_k + [(\partial_z\boldsymbol{u}, \mathrm{w}\boldsymbol{u})_k - (\boldsymbol{u}, w\partial_z\boldsymbol{u})_k]/2\end{aligned}$$

$$-\frac{1}{2}\frac{\partial(\boldsymbol{u},w\boldsymbol{u})_k}{\partial z}+\frac{1}{2}(\boldsymbol{u},\boldsymbol{u}(\partial_z w+\nabla\cdot\boldsymbol{u}))_k \tag{5.45}$$

上式可简单地记为：

$$T_{\mathrm{h}}(\boldsymbol{k})=t_{\mathrm{h}}(\boldsymbol{k})+\partial_z F_{\mathrm{h}\uparrow}(\boldsymbol{k})+Div_{\mathrm{h}}(\boldsymbol{k}) \tag{5.46}$$

式中，$t_{\mathrm{h}}(\boldsymbol{k})$ 为水平动能的谱转移项，

$$t_{\mathrm{h}}(\boldsymbol{k})=-(\boldsymbol{u},\boldsymbol{u}\cdot\nabla\boldsymbol{u}+\boldsymbol{u}\,\nabla\cdot\boldsymbol{u}/2)_k+[(\partial_z\boldsymbol{u},w\boldsymbol{u})_k-(\boldsymbol{u},w\partial_z\boldsymbol{u})_k]/2 \tag{5.47}$$

$F_{\mathrm{h}\uparrow}(\boldsymbol{k})$ 为水平动能的垂直通量项，

$$F_{\mathrm{h}\uparrow}(\boldsymbol{k})=-(\boldsymbol{u},w\boldsymbol{u})_k/2 \tag{5.48}$$

$Div_{\mathrm{h}}(\boldsymbol{k})$ 为三维散度造成的谱倾向项(简称 3D 散度项)

$$Div_{\mathrm{h}}(\boldsymbol{k})=(\boldsymbol{u},\boldsymbol{u}(\partial_z w+\nabla\cdot\boldsymbol{u}))_k/2 \tag{5.49}$$

类似地，非线性项 $T_z(\boldsymbol{k})$ 可以分解如下：

$$T_z(\boldsymbol{k})=t_z(\boldsymbol{k})+\partial_z F_{z\uparrow}(\boldsymbol{k})+Div_z(\boldsymbol{k}) \tag{5.50}$$

式中右边各项分别为垂直动能的谱转移项、垂直通量项以及三维散度项，具体表达式为：

$$t_z(\boldsymbol{k})=-(w,\boldsymbol{u}\cdot\nabla w+w\,\nabla\cdot\boldsymbol{u}/2)_k+[(\partial_z w,ww)_k-(w,w\partial_z w)_k]/2 \tag{5.51}$$

$$F_{z\uparrow}(\boldsymbol{k})=-(w,ww)_k/2 \tag{5.52}$$

$$Div_z(\boldsymbol{k})=(w,w(\partial_z w+\nabla\cdot\boldsymbol{u}))_k/2 \tag{5.53}$$

同样，容易证明在给定区域上谱转移项 $t_{\mathrm{h}}(\boldsymbol{k})$ 和 $t_z(\boldsymbol{k})$ 是严格守恒的，且分别只起着重新分配不同尺度间水平动能和垂直动能的作用。

综上，由方程(5.25)、(5.28)和(5.33)构成的适合于非静力湿大气的能量谱收支公式可以进一步写成如下形式：

$$\frac{\partial}{\partial t}E_{\mathrm{h}}(\boldsymbol{k})=t_{\mathrm{h}}(\boldsymbol{k})+\partial_z F_{\mathrm{h}\uparrow}(\boldsymbol{k})+Div_{\mathrm{h}}(\boldsymbol{k})+\frac{1}{\rho_{\mathrm{d}}}\partial_z F_{p\uparrow}(\boldsymbol{k})+C_{\mathrm{A}\to\mathrm{h}}(\boldsymbol{k})+H_{\mathrm{h}}(k)+D_{\mathrm{h}}(\boldsymbol{k}) \tag{5.54}$$

$$\frac{\partial}{\partial t}E_z(\boldsymbol{k})=t_z(\boldsymbol{k})+\partial_z F_{z\uparrow}(\boldsymbol{k})+Div_z(\boldsymbol{k})+C_{\mathrm{A}\to z}(\boldsymbol{k})+D_z(\boldsymbol{k}) \tag{5.55}$$

$$\frac{\partial}{\partial t}E_{\mathrm{A}}(\boldsymbol{k})=t_{\mathrm{A}}(\boldsymbol{k})+\partial_z F_{\mathrm{A}\uparrow}(\boldsymbol{k})+Div_{\mathrm{A}}(\boldsymbol{k})-C(\boldsymbol{k})+H_{\mathrm{A}}(\boldsymbol{k})+D_{\mathrm{A}}(\boldsymbol{k})+J_{\mathrm{A}}(\boldsymbol{k}) \tag{5.56}$$

方程(5.54)、(5.55)和(5.56)构成了一个完整的非静力湿大气能量谱收支方程，其特点有：(1)建立在非静力框架之上；(2)同时考虑了动能和湿有效位能；(3)同时考虑了水汽和水汽凝结物的作用；(4)精确分离出了纯的非线性串级项。

5.6　一维总水平波数谱和相应的谱收支方程

定义了二维谱以后，接下来讨论一维总水平波数谱的构造。总的水平波数定义为：

$$k_{\mathrm{h}}=|\boldsymbol{k}|=\sqrt{k_x^2+k_y^2} \tag{5.57}$$

作为 k_h 函数的一维波数谱是在 k_x-k_y 平面上沿着波数带 $k_{\mathrm{h}}-\Delta k/2\leqslant|\boldsymbol{k}|<k_h+\Delta k/2$ 求平均构造的(Waite 和 Snyder，2009)，这里 $\Delta k=\pi/(\Delta\cdot N)$ 为波数带的宽度，k_{h} 为波数带的中心半径。以水平动能为例，单位质量 HKE 的一维 k_{h} 谱的定义为：

$$E_{\mathrm{h}}(k_{\mathrm{h}})=\sum_{k_{\mathrm{h}}-\Delta k/2\leqslant|\boldsymbol{k}|<k_{\mathrm{h}}+\Delta k/2}E_{\mathrm{h}}(\boldsymbol{k})/\Delta k \tag{5.58}$$

其中，$k_{\mathrm{h}}=\frac{\pi}{\Delta}\frac{l}{N}$，$l=1,2,3,\cdots,N-1$，$N=\min(N_i,N_j)$

按照式(5.58)的定义方式，可以构造方程(5.25)、(5.28)和(5.33)中每一项的一维波数 k_h 谱。则一维 k_h 谱收支公式可以写为：

$$\frac{\partial}{\partial t}E_{\mathrm{h}}(k_{\mathrm{h}})=T_{\mathrm{h}}(k_{\mathrm{h}})+\frac{1}{\bar{\rho}_{\mathrm{d}}}\frac{\partial F_{\mathrm{p}\uparrow}(k_{\mathrm{h}})}{\partial z}+C_{\mathrm{A}\to\mathrm{h}}(k_{\mathrm{h}})+H_{\mathrm{h}}(k_{\mathrm{h}})+D_{\mathrm{h}}(k_{\mathrm{h}}) \tag{5.59}$$

$$\frac{\partial}{\partial t}E_{z}(k_{\mathrm{h}})=T_{z}(k_{\mathrm{h}})+C_{\mathrm{A}\to z}(k_{\mathrm{h}})+D_{z}(k_{\mathrm{h}}) \tag{5.60}$$

$$\frac{\partial}{\partial t}E_{\mathrm{A}}(k_{\mathrm{h}})=T_{\mathrm{A}}(k_{\mathrm{h}})-C(k_{\mathrm{h}})+H_{\mathrm{A}}(k_{\mathrm{h}})+D_{\mathrm{A}}(k_{\mathrm{h}}) \tag{5.61}$$

类似地，我们也可以构造(5.54)、(5.55)和(5.56)对应的一维 k_{h} 谱收支公式。

5.7　小结

本章推导了一套新的能量谱收支方程，该方程同时考虑了湿有效位能和动能的谱收支。与以往的方程相比，该方程有四点主要的改进：(1) 将 Lorenz 有效位能的概念拓展到一般湿大气中；(2) 同时考虑了水汽和水汽凝结物的作用；(3) 建立在非静力框架之上；(4) 垂直通量项和三维散度项与不同尺度间的谱转移项（即能量串级项）精确地分离开来。本书的后面各章将运用此能量谱收支理论，基于高分辨率理想数值模拟，研究非静力湿大气中具体天气系统（梅雨锋系统和斜压波系统）的中尺度能量谱动力学形成机理。

还有两点需要进一步说明：(1) 本章中能量谱定义为单位质量的能量谱，其相应的谱收支方程也具有单位质量的性质。考虑到大气密度的垂直变化，在一些研究中可能需要考虑单位体积的能量谱，此时只需对本章所得到的能量谱收支方程稍作修改就可以得到相应的能量谱收支方程；(2) 本章所推导的是有限区域能量谱收支公式，但是基于球谐函数（spherical harmonics functions）展开，本章的推导可以很自然地扩展到全球谱分析。

本章附录
气压项的进一步分解

设 $\tilde{\varphi}(\boldsymbol{k})$ 是场 φ 的 DFT 变换(记为 F)。对湿假不可压缩方程(5.4)两边同时作 DFT,得

$$i\boldsymbol{k}\cdot\tilde{\boldsymbol{u}}=-\frac{1}{\bar{\rho}_d\bar{\theta}}\frac{\partial\bar{\rho}_d\bar{\theta}\tilde{w}}{\partial z}+\frac{\widetilde{H}_m}{\bar{\theta}}\tag{A1}$$

气压项的水平波数谱以如下形式给出:

$$\begin{aligned}P(\boldsymbol{k})&=-\frac{1}{2}\tilde{u}^*\cdot F(c_p\bar{\theta}\nabla\pi')+c.c.\\&=-\frac{1}{2}c_p\bar{\theta}\tilde{\boldsymbol{u}}^*\cdot F(i\boldsymbol{k}\pi')+c.c.\\&=\frac{1}{2}c_p\bar{\theta}[\tilde{\boldsymbol{u}}\cdot(i\boldsymbol{k})]^*\tilde{\pi}'+c.c.\\&=\frac{1}{2}c_p\widetilde{H}_m^*\tilde{\pi}'-\frac{1}{2}\frac{c_p}{\bar{\rho}_d}\frac{\partial\bar{\rho}_d\bar{\theta}\tilde{w}^*\tilde{\pi}'}{\partial z}+\frac{1}{2}c_p\bar{\theta}\tilde{w}^*\partial_z\tilde{\pi}'+c.c.\end{aligned}\tag{A2}$$

其中,* 表示共轭复数,$c.c.$ 也表示共轭复数。

为了避免有限区域上气象场的非周期性引起的谱偏移,在执行 DFT 变换前,先对原始场在 y 方向进行偶拓展获得以 $2L_y$ 为周期的周期场,然后再在 x 方向进行偶拓展获得以 $2L_x$ 为周期的周期场。这样的对称变化后再执行 DFT,精确地等价于直接对原始场进行 DCT 变换。因此(A2)可以直接写成:

$$P(\boldsymbol{k})=c_p\hat{H}_m\hat{\pi}'-\frac{c_p}{\bar{\rho}_d}\frac{\partial\bar{\rho}_d\bar{\theta}\hat{w}\hat{\pi}'}{\partial z}+c_p\bar{\theta}\hat{w}\partial_z\hat{\pi}\tag{A3}$$

其中,$\hat{\varphi}(\boldsymbol{k})$ 是原始场 φ 的 DCT 变换,$\hat{\varphi}(\boldsymbol{k})^*=\hat{\varphi}(\boldsymbol{k})$。注意,实际下文中的谱计算是直接通过 DCT 变换得到的。

第 6 章　梅雨锋系统的中尺度动能谱

6.1　引言

梅雨锋系统是影响中国夏季降水的重要系统，其结构与极锋（或典型中纬度锋）有显著的差异。Chen 和 Chang(1980) 研究发现梅雨锋在不同地段上具有不同的特征：在靠近日本的东段相似于经典的中纬度斜压锋面，表现为强的热力梯度并向西倾斜，在靠近中国南部的西段，则表现为强的湿度梯度，强的水平风切变，但弱的温度梯度，并具有相当正压结构。对流降水是梅雨锋系统的主要天气现象，伴随着湿对流过程的潜热释放对于锋面结构的维持和发展具有重要作用（Kuo 和 Anthes，1982），而这种作用是通过非线性第二类对流不稳定（CISK）机制体现的（Cho 和 Chen，1995）。

由于沿锋面和垂直锋面的不同尺度特性，梅雨锋系统属于各向非同性流型，因此是湍流惯性理论研究不适用的对象。梅雨锋系统是否也表现出中尺度 $-5/3$ 能量谱？湿过程在梅雨锋系统中尺度动能谱形成和维持中的作用如何？准二维的锋面系统与斜压波系统有什么差异？本章将基于高分辨率理想梅雨锋系统的数值模拟，考察其中尺度动能谱和动能谱收支特征。

本章的结构安排如下：6.2 节给出了模式描述和试验设计；6.3 节给出了控制试验的结果，考察 WRF 模式对典型梅雨锋系统的模拟效果；6.4 节分析了梅雨锋系统的中尺度动能谱特征；并通过敏感性试验，考察了潜热对中尺度动能谱的作用；6.5 节对动能谱倾向进行了收支诊断分析；最后，6.6 节给出本章小结与讨论。

6.2　模式与试验设计

6.2.1　模式

本章的研究基于 WRF 模式（版本 3.2，Skamarock et al.，2008），并对其控制运动方程进行了一些修改。假定梅雨锋呈准东西向（沿 x 轴），且受经向地转风 (V_g) 的强迫，其中 V_g 只随高度(z)变化。在这一假定下，主要的修改包括：(1)在 x 方向动量方程中，引进了扰动科里奥利力（方程(6.1)）；(2)在位温方程中增加了地转强迫位温在 x 方向的平流项（方程(6.4)），同时在水汽方程中相应增加了地转强迫水汽在 x 方向的平流项（方程(6.5)）。修改后的控制运动方程与 Kawashima (2007)在研究沿冷锋的降水"core-gap"结构中所描述的三维非静力模式是相似的。在高度 (z) 坐标系下，修改后的动量方程、位温方程、湿物质方程以及质量连续方程如下：

$$\frac{du}{dt}=-\frac{1}{\rho}\frac{\partial p'}{\partial x}+f(v-V_g)+D_u \tag{6.1}$$

$$\frac{dv}{dt}=-\frac{1}{\rho}\frac{\partial p'}{\partial y}-fu+D_v \tag{6.2}$$

$$\frac{dw}{dt}=-\frac{1}{\rho}\frac{\partial p'}{\partial z}-g\frac{\rho'}{\rho}+D_w \tag{6.3}$$

$$\frac{d\theta}{dt}=S_\theta-u\left(\frac{\partial\theta_g}{\partial x}\right)_{LS}+D_\theta \tag{6.4}$$

$$\frac{dq_v}{dt}=S_{q_v}-u\left(\frac{\partial q_{vg}}{\partial x}\right)_{LS}+D_{q_v} \tag{6.5}$$

$$\frac{dq_m}{dt}=S_{q_m}+D_{q_m} \tag{6.6}$$

$$\frac{d\rho_d}{dt}+\rho_d\left(\frac{\partial u}{\partial x}+\frac{\partial v}{\partial y}+\frac{\partial w}{\partial z}\right)=0 \tag{6.7}$$

在上述方程中，u 是纬向速度（沿着锋面），v 是经向速度（垂直于锋面），w 是 z 坐标系下的铅直速度，V_g 是经向地转风，θ 是干空气位温，$d/dt=\partial_t+u\partial_x+v\partial_y+w\partial_z$ 是全导数，ρ_d 是干空气密度，p 是气压，g 是重力加速度，f 为科里奥利力参数，D_φ 表示物理量 φ 的耗散项（φ 指代物理量 u、v 等），q_v 是水汽混合比，$q_m=q_c,q_r,q_i,q_g\cdots$，代表云水，云冰，霰，雨水等的混合比，$\rho=\rho_d(1+q_v+q_c+q_r+q_i+\cdots)$ 是全密度，S_θ 代表与云微物理相关的加热/冷却作用，S_{q_v} 是水汽的源/汇项，S_{q_m} 是除水汽外的其他水物质的源/汇项。上标 $'$ 代表偏离随时间不变的干静力平衡基本态 $\bar{p}(z)$ 和 $\bar{\rho}_d(z)$ 的扰动。

$(\partial\theta_g/\partial x)_{LS}$ 和 $(\partial q_{vg}/\partial x)_{LS}$ 分别为地转强迫对应的位温和水汽的纬向梯度，与 V_g 满足热成风关系，反映了大尺度的斜压性（Crook，1987）。指定这些项的详细程序与 Crook（1987）中描述的一致，即 $\left(\frac{\partial\theta_g}{\partial x}\right)_{LS}=\frac{f\theta_r}{g}\frac{\partial V_g}{\partial z}$ 和 $\left(\frac{\partial q_{vg}}{\partial x}\right)_{LS}=\bar{q}_v(z)\frac{L_v\bar{\pi}}{R_v T_0^2}\left(\frac{\partial\theta_g}{\partial x}\right)_{LS}$，这里 $\theta_r=300$ K 是参考位温，R_v 是水汽气体常数，L_v 汽化潜热加热率，$\bar{q}_v(z)$ 和 $\bar{\pi}=\left(\frac{\bar{p}}{p_0}\right)^{R_d/c_p}$ 分别是基本态的水汽混合比和无量纲气压，$T_0=273.15$ K。

模式设置在 f 平面上，$f=10^{-4}\,s^{-1}$，区域范围为 $L_x=1000$ km，$L_y=2000$ km，$L_z=20$ km。东西侧边界采用周期边界条件，南北侧边界采用开放边界条件，不考虑地形作用。水平格距 $\Delta x=\Delta y=5$ km，时间步长 $\Delta t=20$ s。垂直方向采用地形追随干静力气压 η 坐标，由指数拉伸的 41 层组成，这样等 η 面在高度坐标下几乎为等间距（$\Delta z\approx 500$ m）。

在模拟中，水平平流采用五级迎风格式，垂直平流采用三级迎风格式；滤波方案同时采用显式的 6 阶数值耗散（Knievel et al.，2007）和二阶水平、垂直混合方案，因为前者能够有效地频散格点尺度动能。因此，耗散项 D_φ 的表达式为

$$D_\varphi=[K_h(\partial_x^2+\partial_y^2)+K_v\partial_z^2]\varphi+2^{-6}(2\Delta t)^{-1}\beta(\partial_x^6+\partial_y^6)\varphi \tag{6.8}$$

其中，湍流黏性系数 K_h 和 K_v 是由湍流动能闭合方案确定的，$\beta=0.12$ 代表一个时间步长应用到 2 倍格距波上的耗散量（Skamarock et al.，2008）。此耗散作用在风场的 3 个分量、位温和所有的湿变量上。另外，对于标量（θ,q_v,q_m），湍流黏性系数除了湍流 Prandtl 数 $Pr=1/3$。为了最小化上边界重力波的反射，在模式区域上空，从模式顶至向下 5 km 对垂直速度

施加瑞利阻尼(Klemp et al.,2008)。由于本章主要的目的是研究湿物理过程对中尺度能量谱的影响,因此在模拟中不考虑积云参数化、边界层混合和辐射等物理过程并忽略了地面感热和潜热通量的作用,只根据试验目的考虑云微物理过程,云微物理过程采用 Morrison 方案,其云水物质包含云水、雨水、云冰、雪、霰。模式积分 48 h,逐小时输出结果。

6.2.2　初始化

参照 Orlanski 和 Ross(1977, 1978)提出的急流型锋面扰动的思想,设初始场在 x 方向即沿锋面是均匀的,在 y-z 平面上梅雨锋的初始结构设计如下:

(i) 经向地转风 (V_g) 只随高度变化,且满足下式:

$$V_g(z) = 5.0\ \mathrm{m/s} - (10.0\ \mathrm{m/s})\tanh(z/7000\ \mathrm{m}) \tag{6.9}$$

如图 6.1a 所示,在低层(0—3 km),$\partial V_g/\partial z$ 在 $-1.4\times10^{-3}\ \mathrm{s}^{-1}$ 左右,为了满足热成风平衡,其所造成的大尺度地转位温和水汽的纬向梯度分别是 $(\partial\theta_g/\partial x)_{\mathrm{LS}} = -0.4\ \mathrm{K/(100\ km)}$ 和 $(\partial q_{v_g}/\partial x)_{\mathrm{LS}} = -0.4\ \mathrm{g/(kg\cdot(100\ km))}$。

(ii) 初始纬向风 $u_0(y,z)$ 的解析形式为:

$$u_0(y,z) = -\frac{L-y}{2y_0}u_m\{1-\tanh[\beta(L-y+\alpha z-y_0)]\} \tag{6.10}$$

其中,u_m 是急流强度参数。在以下所有的模拟中,等式(6.10)中的参数取为:$u_m=20\ \mathrm{m/s}$,$y_0=800\ \mathrm{km}$,$L=4000\ \mathrm{km}$,$\beta=(50\ \mathrm{km})^{-1}$ 和 $\alpha=100$。初始纬向风 $u_0(y,z)$ 廓线分布见图 6.2a。

(iii) 初始位温 $\theta_0(y,z)$ 和水汽混合比 $q_{v0}(y,z)$ 可以分解为:

$$\theta_0(y,z) = \bar{\theta}(z) + \theta'_0(y,z) \tag{6.11}$$

$$q_{v0}(y,z) = \overline{q_v}(z) + q'_{v0}(y,z) \tag{6.12}$$

其中,$\bar{\theta}(z)$ 和 $\bar{q}_v(z)$ 为初始场的基本态,只随高度(z)变化;$\theta'_0(y,z)$ 和 $q'_{v0}(y,z)$ 为初始扰动位温和扰动水汽混合比。为与实际梅雨锋情况相近,基本态可参考典型梅雨锋天气期间实际大气的探空分布。图 6.1b 给出了 2010 年 7 月 12 日 00 UTC 区域[118°—121°E, 31°—32°N]平均的探空分布和理想模拟初始场的基本态,虚线为实际大气探空,实线为初始场基本态,粗线为相对湿度 $\overline{\mathrm{RH}}(z)$,细线为位温 $\bar{\theta}(z)$。图中 $\bar{\theta}(z)$ 和 $\overline{\mathrm{RH}}(z)$ 分布满足:$\bar{\theta}(0)=300\ \mathrm{K}$;当 $z<4\ \mathrm{km}$ 时 $\partial\bar{\theta}/\partial z=4.2\ \mathrm{K/km}$,当 $4\ \mathrm{km}\leqslant z<14\ \mathrm{km}$ 时 $\partial\bar{\theta}/\partial z=4\ \mathrm{K/km}$,当 $z\geqslant14\ \mathrm{km}$ 时 $\partial\bar{\theta}/\partial z=18\ \mathrm{K/km}$;当 $0<z\leqslant16\ \mathrm{km}$ 时 $\overline{\mathrm{RH}}(z)=1-0.8(z/16\ \mathrm{km})^2$,当 $z>16\ \mathrm{km}$ 时 $\overline{\mathrm{RH}}(z)=20\%$,同时为了避免模式初始化过程中低层出现过饱和,限制低层相对湿度不超过 80%。

利用静力平衡方程和状态方程,取地面气压 $p_0=1000\ \mathrm{hPa}$,可求出初始气压场的基本态 $\bar{p}(z)$;有了干静力气压 $\bar{p}(z)$ 就可以进一步求出水汽混合比的基本态 $\bar{q}_v(z)$。

初始扰动位温场 $\theta'_0(y,z)$ 和扰动水汽混合比 $q'_{v0}(y,z)$ 满足以下湿热成风平衡关系:

$$\frac{\partial\theta_0(1+0.61q_{v0})}{\partial y} = -\frac{f\theta_r(1+0.61q_{v0})}{g}\frac{\partial u_0}{\partial z} \tag{6.13}$$

或

$$\frac{\partial\theta'_0}{\partial y} + \frac{0.61\theta_0}{(1+0.61q_{v0})}\frac{\partial q'_{v0}}{\partial y} = -\frac{f\theta_r}{g}\frac{\partial u_0}{\partial z} \tag{6.14}$$

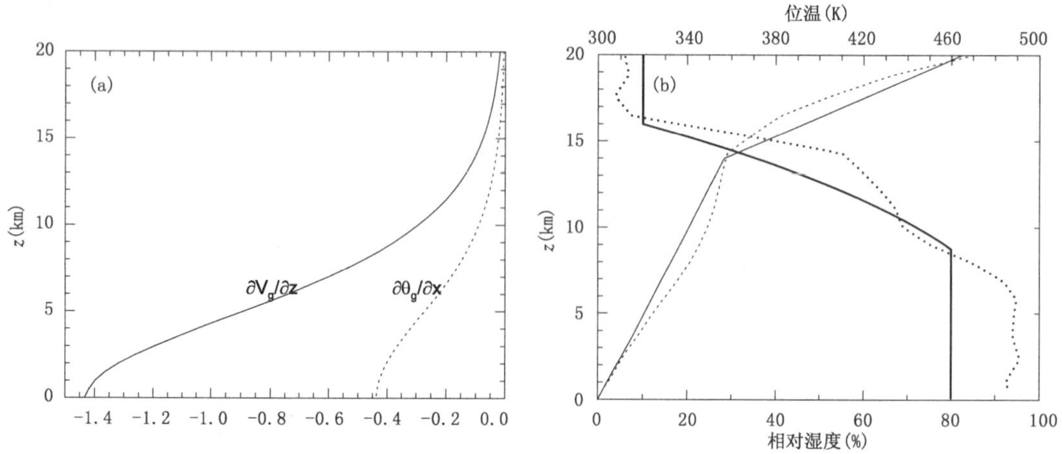

图 6.1　(a) 经向风 V_g 的垂直切变(实线,单位:$10^{-3}\,s^{-1}$)和地转位温 θ_g 的纬向梯度(虚线,单位:K/(100 km));(b) 2010 年 7 月 12 日 00 时(UTC)区域[118°—121°E, 31°—32°N]平均的实际大气探空(虚线)和理想模拟的初始位温场和相对湿度场的基本态(实线)(细线为位温,粗线为相对湿度).

其中,θ_r 为参考态位温,在计算中取为 300 K。从式(6.14)可以清楚地看到,这种平衡关系不仅与跨锋面的位温水平梯度有关,还与跨锋面的水汽水平梯度有关,即使不存在位温梯度,水汽梯度也能维持热成风平衡。在 Crook (1987) 和 Kawashima (2007)关于冷锋的研究中,忽略了跨锋面的水汽梯度,热成风平衡主要由位温的水平梯度维持。但与一般冷锋表现为强的温度梯度不同,梅雨锋往往表现为强的湿度梯度,所以研究梅雨锋系统时,跨锋面的水汽梯度是不能忽略的(Ninomiya, 1984, 2000; Ding, 1992)。为了分别突出干空气位温和水汽的作用,对式(6.14)做如下的分解:

$$\frac{\partial \theta'_0}{\partial y} = \mu\left[-\frac{f\theta_r}{g}\frac{\partial u_0}{\partial z}\right] \tag{6.15}$$

和

$$\frac{\partial q'_{v0}}{\partial y} \simeq (1-\mu)\,\frac{1+0.61\bar{q}_v(z)}{0.61\,\bar{\theta}(z)}\left[-\frac{f\theta_r}{g}\frac{\partial u_0}{\partial z}\right] \tag{6.16}$$

其中,μ 为干空气位温水平梯度所造的热成风部分占总热成风的权重,表征了梅雨锋系统的斜压性,考虑到梅雨锋的一般特征,本节研究中取 $\mu = 0.5$,而关于梅雨锋系统对梅雨锋斜压程度(μ 不同取值)的敏感性,将在以后的研究中讨论。利用边界条件 $\theta'_0(0,z)=0$ K, $q'_{v0}(0,z)=0$ g/kg,积分方程(6.15)和(6.16)即可得到 $\theta'_0(y,z)$ 、$q'_{v0}(y,z)$ 。初始位温 θ_0 以及初始水汽混合比 q_{v0} 的分布廓线见图 6.2b。

6.2.3　试验设计

为了研究梅雨系统的中尺度动能谱特征,考察湿物理过程对中尺度动能谱的作用,同时评估这种作用对潜热加热的依赖程度,本章设计了五组试验:(1)控制试验,即考虑湿物理过程和伴随的全部潜热,记为 CNTL;(2)不考虑湿物理过程,记为 NOMP;(3)考虑湿物理过程,但完全不考虑潜热的影响,记为 NOHEAT;(4)考虑潜热释放,但作用的潜热量减小到控制试验的 90%和 80%,记为 HEAT90%和 HEAT80%;(5)同 CNTL,但积分到 24 h,关掉潜热,记为 HEAT24hoff。

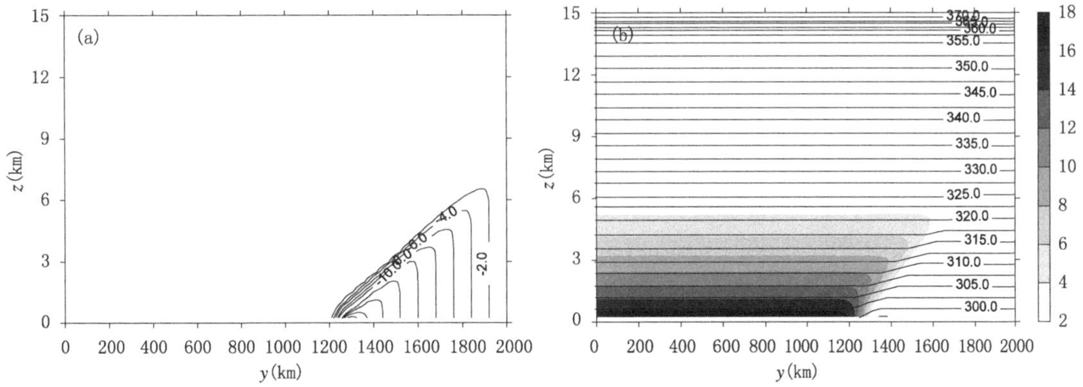

图 6.2　初始廓线

(a)沿锋面速度(u_0 ,等值线,间隔 2.0 m/s)和(b)位温(θ_0 ,等值线,间隔 2.5 K)和水汽混合比(q_{v0} ,色阶,间隔 2 g/kg)

6.3　模拟的梅雨锋系统特征

6.3.1　系统对流强度演变

定义区域质量权重平均的垂直动能($\overline{\mathrm{VKE}}$)为:

$$\overline{\mathrm{VKE}} = \iiint \frac{1}{2}\rho w^2 \mathrm{d}x\mathrm{d}y\mathrm{d}z \Big/ \iiint \rho \mathrm{d}x\mathrm{d}y\mathrm{d}z \tag{6.17}$$

其反映了系统的对流强度,图 6.3 给出了不同试验的垂直动能随时间的演变,从图中可以看出:CNTL 模拟的梅雨锋系统的对流强度演变表现出振荡型变化,最强发生在 $t=16$ h,其最大值达到 0.029 m^2/s^2。若以对流阶段(t=12～48 h)平均垂直动能作为参考(图 6.3 中虚线),则模拟时间内对流演变过程可以明显地分为三个阶段:第一阶段为积分 15～25 h,表现为较强对流阶段;第二阶段为积分 26～38 h,表现为较弱对流阶段;第三阶段为积分 39～48 h,表现为对流再次发展阶段。从图中还可以看到,潜热加热对对流的发展起到关键作用,与控制试验相比,潜热加热率减小 10%(HEAT90%),最大对流强度减小到原来的 34%,潜热加热率减小 20%(HEAT80%),最大对流强度减小到原来的 7%。

6.3.2　锋生及锋面结构演变

为了考察跨锋面的环流结构,对物理量沿着锋面(x 方向)作平均(以下记为纬向平均)。图 6.4a 给出了纬向平均降水的最大强度和在对流层低层和高层内纬向平均虚位温跨锋面最大梯度随时间的变化。由图可见,模拟的初始 13 h 内跨锋面的位温梯度变化不大,且基本没有降水,这表明初始场的构造是相对平衡的。积分到 t=13 h 时,中高层和低层都表现为快速锋生(图 6.4a)。在随后的 3 h 内,低层跨锋面的最大相当位温梯度由 0.06 K/km (t=13 h)增大到 0.2 K/km (t=16 h),中高层跨锋面的最大相当位温梯度由 0.01 K/km (t=13 h)增大到 0.23 K/km (t=16 h) 。梅雨锋锋生与积云潜热之间存在正反馈作用,锋面提供了低层辐

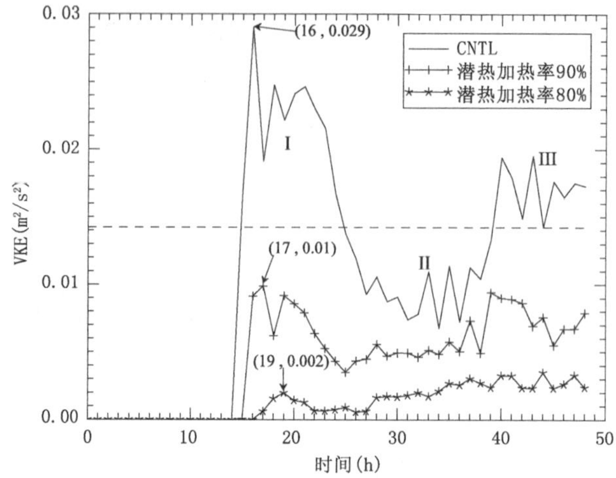

图 6.3　区域质量权重平均的垂直动能随时间的演变，虚线为 t=12～48 h 平均的垂直动能

合，组织对流，而积云对流产生的潜热则进一步加强锋生(Chen et al.，2003)。图 6.4b 给出的是不同时刻主要对流区区域平均的视热源(S_θ)的垂直廓线。从 t=12 h 到 t=14 h，此时正的加热只发生在对流层低层，表现为浅对流；从 t=16 h 到 t=36 h，深对流形成，正的加热发生在整个对流层，峰值位于 8 km 左右，而且在 t=16 h 时刻最大加热率最大，约为 8.8 K/(6 h)。此外，潜热加热 S_θ 的廓线与视水汽汇 S_{q_v} 廓线(图略)的分布是一致的，这两者都表现出了深对流典型特征(Johnson 和 Ciesielski，2002)。

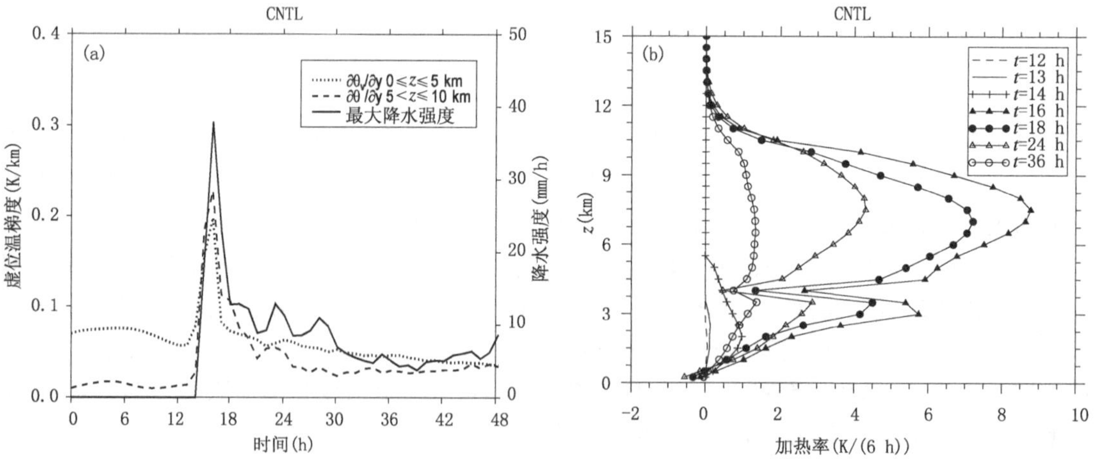

图 6.4　控制试验中(a) 跨锋面的虚位温梯度最大值(K/km，点线：对流层低层 z = 0～5 km；短线：对流层高层 z =5～10 km)和最大降水强度(实线，mm/h)随时间的演变；(b)主要对流区区域平均的视热源廓线 S_θ 的演变(t=12、13、14、16、18、24、36 h)，平均区域为 1000 km≤y≤1400 km 和 0≤x≤1000 km。

图 6.5 给出的是不同时刻纬向平均的扰动虚位温、跨锋面扰动风矢量(v'，w)(这里，$v' = v - V_g$)和云水混合比的垂直分布。由图可见，在 t=12 h，锋面主边界(粗虚线)前暖区低层开始饱和，并形成上升气流(图 6.5a)，它实际上是由梅雨锋强迫的锋面环流上升支发展而来的。上升运动导致对流性降水，释放潜热，在梅雨锋锋生和潜热的这种正反馈机制作用下，到 t=26 h(图 6.5b)，地面锋面主边界向南移动大约 150 km，伴随的云区宽度达到 100 km，此时

最大的扰动虚位温位于 8 km 左右,其值超过 5.4 K。高层增温会引起高层等压面抬高继而引起高空质量外流,到 $t=26$ h,暴雨区上空的辐散气流已经十分清晰。

图 6.6 给出了模拟的梅雨锋系统详细结构特征。高空暖区的形成,增强了高层水平位温梯度,其在暴雨区以南为正,而在暴雨区以北即梅雨锋上空则为负。根据热成风平衡关系,梅雨雨带南面的对流层上部将建立高空东风急流,而梅雨锋上方将建立高空西风急流,二者构成了梅雨锋系统的高空辐散流场 (图 6.6b),表现为典型的梅雨锋系统结构。

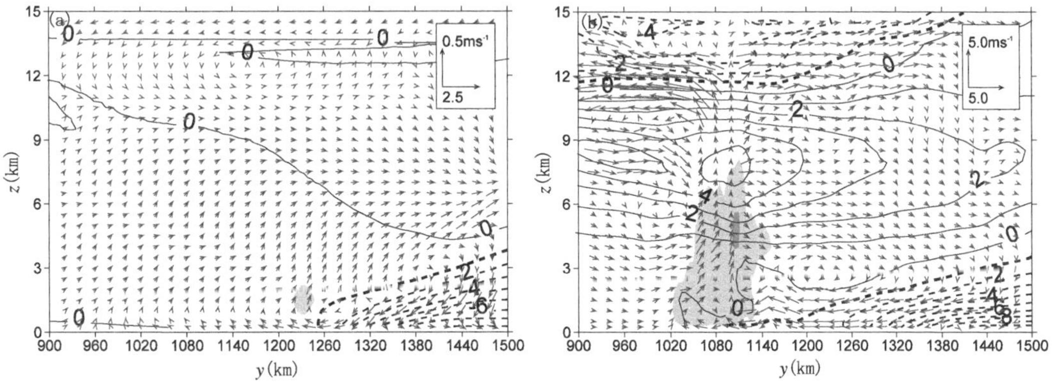

图 6.5　纬向平均的扰动虚位温(正值:实线,负值:虚线,间隔 1.0 K)、纬向平均的跨锋面扰动风矢量和 纬向平均的云水混合比(阴影,灰白色:大于 0.01 g/kg;暗灰色:大于 0.1 g/kg) 的垂直剖面 (a. $t=12$ h;b. $t=26$ h)。图中加粗的虚线为 $\theta'_v=-1$,代表了梅雨锋南边界,图形区域为 600 km×15 km。

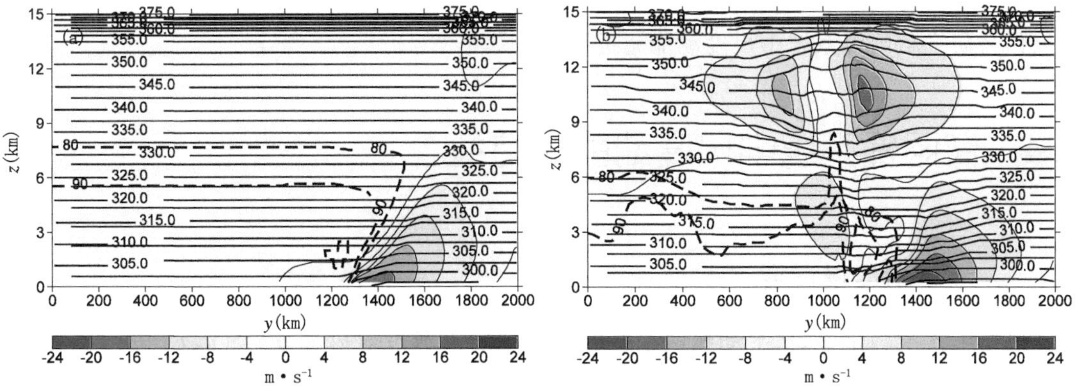

图 6.6　模拟的梅雨锋系统:纬向平均的位温(实线,间隔 2.5 K)、相对湿度(虚线,%)和纬向速度(阴影,单位 m/s)(a. $t=12$ h,b. $t=26$ h)

6.3.3　地面降水特征

随着梅雨锋锋前对流的发展,锋前南侧形成一条平行于锋面的对流雨带(图 6.7),从低层风场来看,降水区位于低层风场辐合区内;从雨带的移动来看,基本上是准静止的。积分 16 h 以后,逐小时降水强度可以超过 65 mm/h;降水的分布也表现为一定的“core-gape”结构,其分布方向基本上与锋面是平行的。

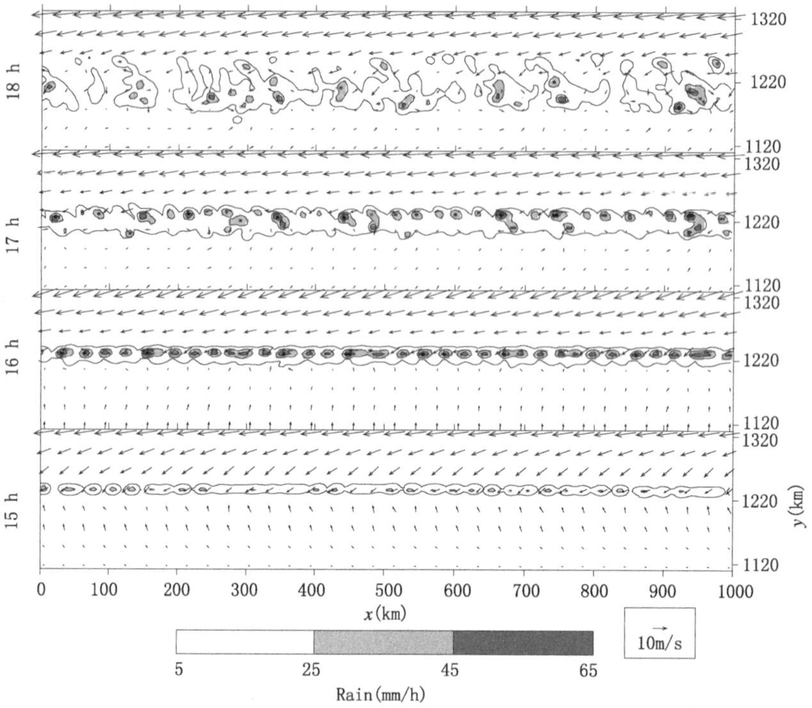

图 6.7　模拟的降水强度和锋面主要边界附近在 $z=250$ m 高度面上扰动风场 (u,v') 的时间演变

综上分析，模拟的梅雨锋系统结构、演变以及所伴随的雨带特征都与实际观测非常一致，因此本文所设计的理想初始场是合理的，模拟的梅雨锋系统是可信的，模拟输出高分辨率资料可以作为研究梅雨锋系统中尺度动能谱的基础。

6.4　梅雨锋系统中尺度动能谱特征

6.4.1　水平动能谱演变

根据第 5 章的定义，水平动能谱是在每一高度层上通过对风场 $\boldsymbol{u}=(u,v)$ 进行二维离散余弦变换（Denis et al.，2002）得到的。记任意变量 φ 的 DCT 变换为 $\hat{\varphi}(\boldsymbol{k})$，这里 $\boldsymbol{k}=(k_x,k_y)$ 表示水平波数矢量，其中 $k_x=\frac{\pi}{\Delta}\frac{m}{N_i}$，$k_y=\frac{\pi}{\Delta}\frac{n}{N_j}$，$m=0,1,2,3,\cdots,N_i-1$，$n=0,1,2,3,\cdots,N_j-1$，纬向格点数为 $N_i=200$，经向格点数为 $N_j=400$，格距 $\Delta=5$ km。

在给定时刻(t)和高度(z)上，单位质量水平动能谱为(注意，这里为了简洁，略去了下标 h，下同)：

$$E(\boldsymbol{k})=\frac{1}{2}(\hat{u}(\boldsymbol{k})\hat{u}(\boldsymbol{k})+\hat{v}(\boldsymbol{k})\hat{v}(\boldsymbol{k}))\tag{6.18}$$

总的水平波数定义为：

$$k_h=|\boldsymbol{k}|=\sqrt{k_x^2+k_y^2}\tag{6.19}$$

一维水平波数（k_h）谱的构造是通过在 k_x-k_y 平面上等 $|\boldsymbol{k}|$ 圆环截断求和得到的。计算方法如下：

$$E(k_h) = \sum_{k_h - \Delta k/2 \leqslant |\boldsymbol{k}| < k_h + \Delta k/2} E(\boldsymbol{k})/\Delta k \tag{6.20}$$

其中，$k_h = \frac{\pi}{\Delta}\frac{l}{N}$，$\Delta k = \frac{\pi}{\Delta \cdot N}$，$l = 1,2,3,\cdots,N-1$，$N = \min(N_i, N_j)$，波长 $\lambda = \frac{2\pi}{k_h} = \frac{2L_x}{l}$。

如图 6.4b 所示，潜热直接影响区在 12 km 高度以下，主要的加热区位于对流层高层。参照潜热加热的垂直廓线分布，以下分析中，以 z=0～5 km 代表对流层低层，z=5～10 km 代表对流层高层，z=12～15 km 代表平流层低层。图 6.8 给出了试验 CNTL 模拟的不同高度层平均的水平动能谱演变，分别对应对流层低层、对流层高层和平流层低层。由于模式显式 6 阶数值耗散的作用，当波数范围 $k_h > 1.57\times10^{-4}$ rad/m 上（对应波长小于 40 km）时，动能谱迅速下降。因此，以下分析主要针对波长大于 40 km 的尺度范围。

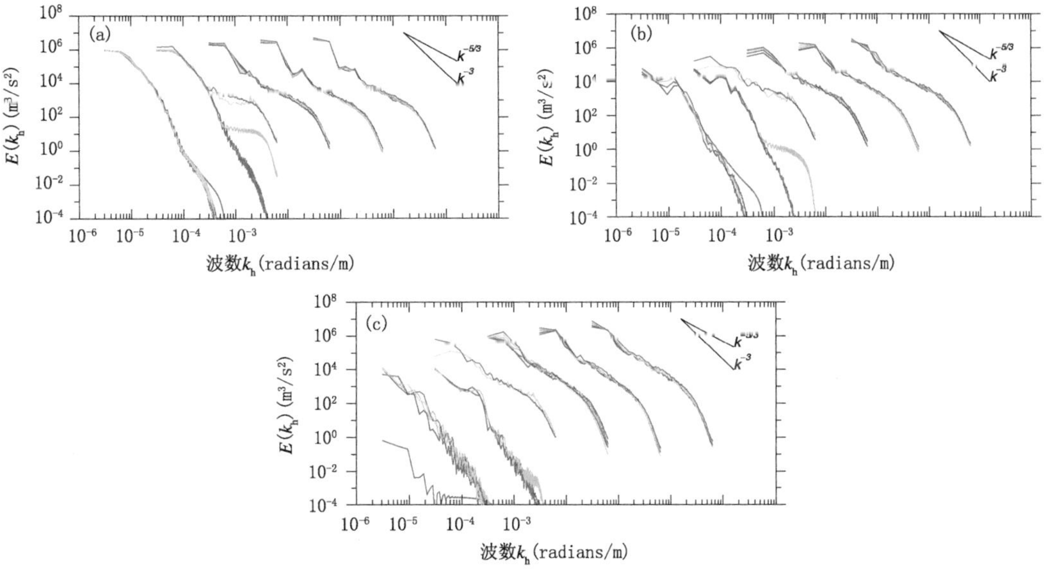

图 6.8 试验 CNTL 模拟的沿不同高度层垂直平均的水平动能谱 $E(k_h)$ 随时间的演变

（a. 对流层低层 z=0～5 km；b. 对流层高层 z=5～10 km，c. 平流层低层 z=12～15 km。t=0～48 h，谱线间隔 2 h，每 5 条为一组（按时次顺序对应颜色为蓝色、暗绿、橙色、浅绿色、红色），不同组在波数 k_h 上按 10 的幂次向右平移。参考谱线的斜率为 −5/3 和 −3

首先分析控制试验动能谱的演变。在初始的 2 h，动能谱表现为一个明显的调整过程，这主要归因于模拟早期起转的影响。随着这一调整的完成，动能谱进入缓慢发展阶段（t=2～12 h），而动能谱快速发展在 t=12 h 开始，此时对流发生。

在对流层低层（图 6.8a），在时段 t=12～14 h，动能谱显著增长发生在波数范围 $k_h > 2\pi\times10^{-5}$ rad/m 上，对应波长范围 λ<100 km，到 t=14 h，在较小波长范围（40 km $\leqslant \lambda \leqslant$ 100 km）上动能谱斜率近似为 0.6；在时段 t=14～16 h，动能增长发生的尺度向较大尺度扩展到波数 $k_h \simeq \pi\times10^{-5}$ rad/m，对应波长 λ = 200 km；在时段 t=16～18 h，主要表现为较大尺度上（40 km $\leqslant \lambda \leqslant$ 200 km）动能增长；至 t=26 h，大气动能谱分布基本达到饱和，此时动能谱的强度和分布与观测统计谱——Nastrom 和 Gage 谱——接近（图 1.1）。在 t=26～38 h，由于

低层强梅雨锋锋面结构的存在，发展稳定的动能谱没有表现为一致的斜率，而是在波数 $k_h = 3\pi/5 \times 10^{-5}$ rad/m，即对应波长 330 km 上，有一个明显的峰值；且在中尺度大端（500 km$\leqslant\lambda\leqslant$1000 km）上表现为一个比－3 略陡的斜率，在较小尺度上（40 km$\leqslant\lambda\leqslant$200 km）则表现为接近－5/3 的斜率。而饱和演变后期（t=38～48 h），随着低层锋面的形态逐渐变弱，这一动能谱明显的峰值结构逐渐消失。

对流发展初始阶段（12～14 h），主要表现为浅对流，潜热加热效应相对比较弱，此时对流层高层（图 6.8b）动能谱的演变表现出与低层相似的特征。随着对流快速发展为深对流，显著的潜热加热效应（图 6.4b），使得对流层高层动能谱的发展表现出与对流层低层显著的差异，主要表现在：对流层高层动能谱的发展很快扩展到整个波数范围，在 14～16 h 上表现为整个中尺度范围的动能增长。发展稳定的动能谱复制出了中尺度动能谱转折特征，且转折点位于波数 $k_h = 1.57 \times 10^{-5}$ rad/m，对应波长 $\lambda = 400$ km：即在波数范围 $k_h < 1.57 \times 10^{-5}$ rad/m 上，动能谱的斜率近似为－3；而在波数范围 $k_h > 1.57 \times 10^{-5}$ rad/m 上，动能谱的斜率则近似为－5/3。

在平流层低层（图 6.8c），对流发展为深对流之前，其值增长十分缓慢。随着对流发展为深厚对流，平流层低层动能谱表现出与对流层高层相似的增长特征，而且，发展稳定的平流层低层动能谱也呈现出了中尺度动能谱的转折特征。

从动能谱的整个发展过程来看，无论是在对流层还是平流层低层，梅雨锋系统的动能谱演变都表现为三个阶段：第一阶段是缓慢演变阶段，第二阶段为快速发展阶段，第三阶段为饱和演变阶段。其演变阶段与对流的发展有着很好的对应关系，动能谱快速发展阶段正好对应对流发展并达到最强的阶段（图 6.3－6.5）。

以上分析清晰地表明，深对流过程在对流层高层和平流层低层中尺度动能谱的建立中的重要性。显然，对流层高层中尺度动能谱的建立机制与深对流释放潜热的直接加热有关（图 6.4b）；而平流层低层动能谱的增长虽然与深对流也有关，但直接加热的作用不显著，其可能与强对流激发的垂直传播的重力惯性波有关。在第 6.5 节中，我们将进一步考察这两个高度上中尺度动能谱增长的不同机制。

根据以上水平动能谱的演变特征，并结合梅雨锋系统对流强度的变化（图 6.3），可以将控制试验 CNTL 模拟的梅雨锋系统大致分为三个阶段：t=15～25 h 为梅雨锋系统成熟前期，主要表现为较强的垂直对流和水平动能谱的快速发展；t=26～38 h 为梅雨锋系统成熟期，表现为水平动能谱基本稳定和相对较弱的垂直对流；而 t=39～48 h 则为梅雨锋成熟后期，表现为垂直对流的再次发展，但低层梅雨锋锋面形态已不明显。下面对成熟期的梅雨锋系统动能谱特征进行进一步的分析。

6.4.2 成熟期平均的动能谱特征

图 6.9a 给出了 CNTL 模拟的梅雨锋成熟期平均的动能谱特征。正如第 6.4.1 节中提到的，由于存在强的梅雨锋系统，低层动能谱没有恒定的斜率，大约在 330 km 有一个明显的峰值，这一尺度与梅雨锋系统的经向尺度相当。

在对流层高层，在较大尺度上[400 km，1000 km]动能谱斜率大约为－3.5，而过渡到较小尺度[40 km，400 km]上，动能谱斜率变得平缓，为－1.7，相当接近观测得到的大气中尺度动能谱斜率－5/3。这里模拟的中尺度动能谱转折尺度大约为 400 km。（在这里和文中任何其

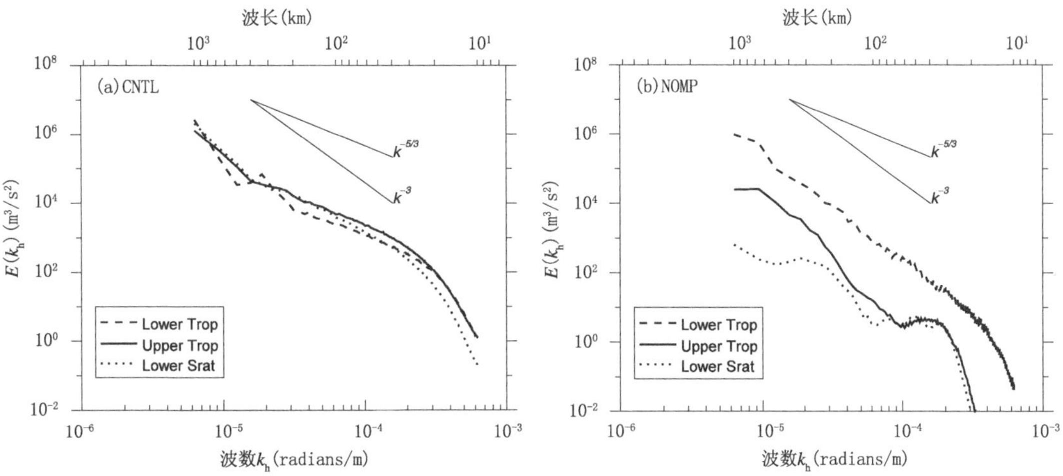

图 6.9　不同试验模拟的梅雨锋系统成熟期不同高度层的大气动能谱

(a. CNTL；b. NOMP)

他地方，谱斜率的计算是在相应的波数范围上通过最小二乘指数拟合“least squares power-fit”得到的。)

在平流层低层，动能谱也表现了这一谱转折特征，与对流层高层不同的是：其在较大尺度更陡，强度更大，而在较小尺度表现的强度相对弱。相似计算得到，其在较大尺度[400 km，1000 km]上，动能谱斜率大约为−4.1，而过渡到较小尺度[40 km，400 km]上，动能谱斜率大约为−2.1。

图 6.9b 还给出了试验 NOMP 模拟的平均动能谱。由图可见，不考虑湿物理过程，中高层大气由于缺乏能量来源，其动能谱无法发展到试验 CNTL 的强度，对流层低层大气的水平动能谱斜率表现为一致的−3.4。

6.4.3　辐散动能谱和旋转动能谱

如同风场可以分解为辐散风和旋转风两部分一样，任意波数 $\boldsymbol{k}$ 所对应的动能也可以分解为水平旋转动能和辐散动能，二者计算表达式如下：

$$E_R(\boldsymbol{k}) = \frac{1}{2}\frac{\hat{\zeta}(\boldsymbol{k})^2}{|\boldsymbol{k}|^2}, E_D(\boldsymbol{k}) = \frac{1}{2}\frac{\hat{\delta}(\boldsymbol{k})^2}{|\boldsymbol{k}|^2} \tag{6.21}$$

其中，$\zeta = \partial v/\partial x - \partial u/\partial y$ 和 $\delta = \partial u/\partial x + \partial v/\partial y$ 。相应的水平波数谱 $E_R(k_h)$ 和 $E_D(k_h)$ 的定义与 $E(k_h)$ 类似。图 6.10 给出了控制试验(CNTL)模拟的对流层高层和平流层低层梅雨锋系统成熟期平均的涡旋动能谱和散度动能谱。

在对流层高层(图 6.10a)，大于 500 km 尺度上散度动能比涡旋动能小一个量级。随着尺度的减小，散度动能的比重逐渐增加，大约在波长 25 km(属于耗散尺度)散度动能谱穿过涡旋动能谱。在波长范围 40 km $\leqslant \lambda \leqslant$ 400 km 上，散度动能和涡旋动能具有相同的量级但后者略大于前者，涡旋动能谱和辐散动能谱几乎具有相同的平缓程度：涡旋动能谱斜率近似为−1.9；辐散动能谱斜率近似为−1.6，二者共同造成了总动能−5/3 谱分布。而在较大中尺度[400 km，1000 km]上涡旋动能谱斜率近似为−3.2。值得注意的是，涡旋动能谱在 400 km 左右表

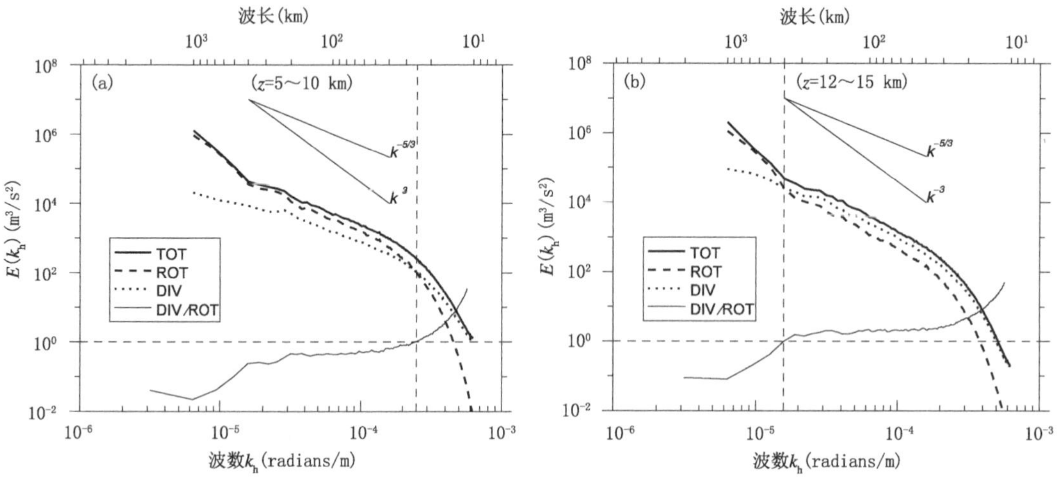

图 6.10 试验 CNTL 模拟在 $t=26\sim38$ h 上时间平均的动能谱(TOT)、涡旋动能谱(ROT)、辐散动能谱(DIV)以及辐散与涡旋动能谱之比(DIV/ROT)

(a. 对流层高层；b. 平流层低层)

现出明显的谱转折特征，这与 Waite 和 Snyder (2009)的干斜压波模拟结果是不同的，后者中对流层高层涡旋动能谱基本没有谱转折特征。

在平流层低层(图 6.10b)，辐散动能谱在 $\lambda=400$ km 时就穿过了涡旋动能谱。但在波长范围 40 km $\leqslant\lambda\leqslant$ 400 km 上，散度动能和涡旋动能还是具有相同的量级，不过前者略大于后者，这造成了总动能 $-5/3$ 谱分布。涡旋动能谱仍然表现出明显的谱转折特征：涡旋动能谱在较大尺度[400 km，1000 km]上斜率近似为 -3.4，在较小尺度[40 km，400 km]上为 -2.2。辐散动能谱在[40 km，400 km]上斜率为 -2.1。

6.4.4 动能谱对潜热加热的敏感性

为了进一步考察潜热效应对 $-5/3$ 斜率的中尺度动能谱的维持作用，设计了试验 HEAT24hoff (图 6.11)。除了在积分 $t=24$ h 后关掉潜热作用以外，其他设置与控制试验(CNTL)一致。正常积分 24 h 后关掉潜热，不管是在对流层还是平流层，小于转折尺度 400 km 范围上的动能都立即减小，尤其是随后的 2 h。潜热关掉后 12 h，中尺度动能谱的这种转折特征基本消失，在波数范围 $k_h>1.57\times10^{-5}$ rad/m 上，由于动能的减小，动能谱变得与 k^{-3} 的参考谱线相似，这一特征在对流层高层显得尤为明显。

为了强调潜热加热的重要性，我们聚焦于某一特定尺度范围上动能的时间演变。图 6.12 给出了潜热关掉后，不同高度层上，在 $k_h=10\Delta k$ 左右 $2\Delta k$ 宽波数带(即 $\lambda=200$ km 左右)内的动能随时间的演变。由图可见，积分 24 h 关掉潜热，动能近似按指数形式减弱，e 折倍时间在对流层高层大约为 16 h，而在平流层低层近似为 14 h；这一时间尺度与中尺度系统的生命史相当，而在湿斜压波中这种指数减弱的 e 折倍时间在对流层高层近似为 2.3 d(Waite 和 Snyder(2013))。在控制试验(CNTL)的同一时期，结果相反，对流层高层动能几乎不变而平流层低层动能增加。因此，对于梅雨锋系统，潜热是影响中高层动能的突增或突降的重要因子，对中尺度动能谱 $-5/3$ 斜率的维持有着决定性的作用。

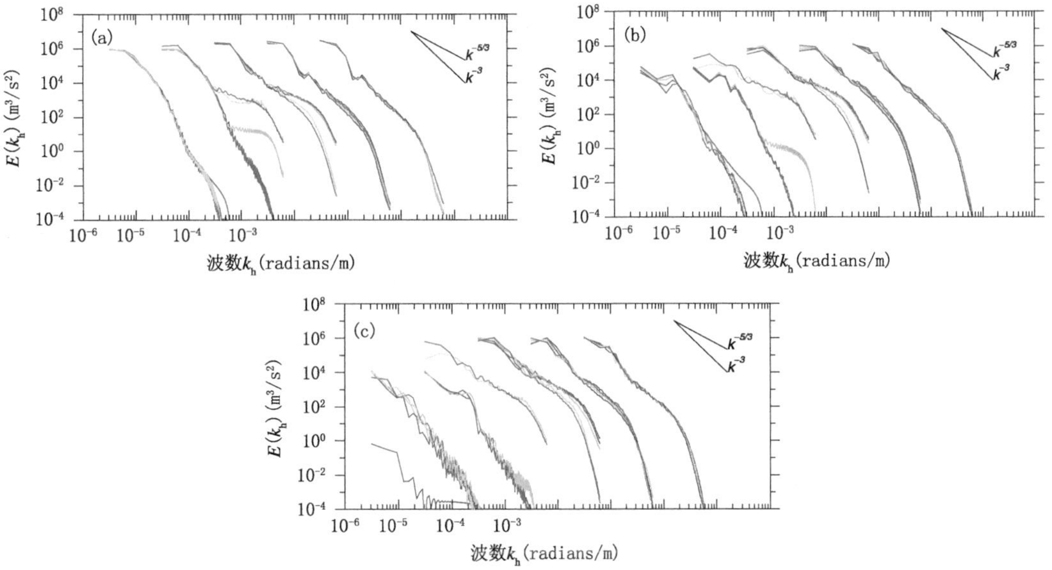

图 6.11　试验 HEAT24hoff 模拟的沿不同高度层垂直平均的水平动能谱 $E(k_h)$，其他细节如图 6.8

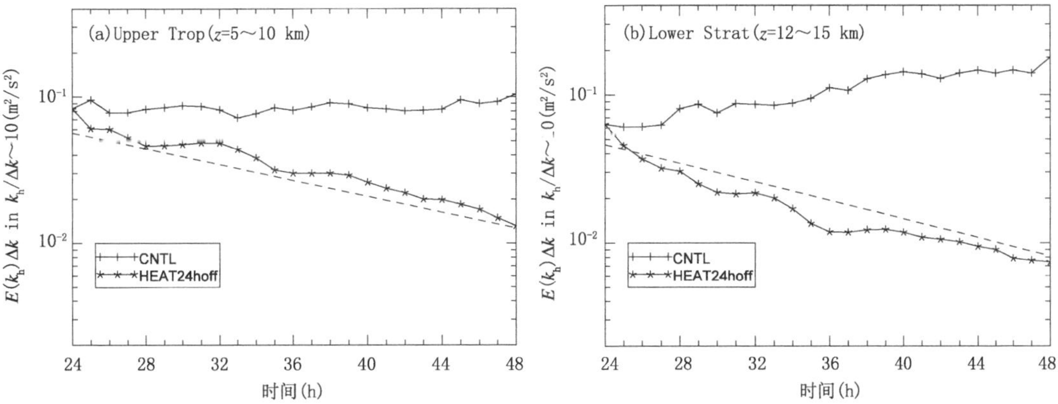

图 6.12　试验 CNTL 和 HEAT24hoff 模拟的不同高度平均的在 $9 \leqslant k_h/\Delta k \leqslant 11$ 波数范围内动能随时间的演变。图中虚线为参考曲线，参考曲线的 e 折倍时间为：(a)16 h；(b)14 h

6.5　梅雨锋系统中尺度动能收支谱分析

前面分析已定性指出：深对流过程以及所伴随的潜热对梅雨锋系统中尺度动能谱的形成和维持有着重要的作用。为了定量分析这些物理过程对中尺度动能谱的贡献，本节基于上一章推导出的动能谱收支方程，在谱空间下对动能收支进行诊断分析。这里主要关注前两个阶段：梅雨锋成熟前期 $t=15\sim25$ h，梅雨锋成熟期 $t=26\sim38$ h。

根据第 5 章的推导，谱空间的水平动能收支方程表示为(注意，这里为了简洁，略去了下标 h)：

$$\frac{\partial}{\partial t}E(\boldsymbol{k}) = T(\boldsymbol{k}) + P(\boldsymbol{k}) + D(\boldsymbol{k}) \tag{6.22}$$

其中，$T(\boldsymbol{k})$ 是非线性作用所造成的动能倾向谱，反映了水平平流和垂直对流所造成的能量转移，$P(\boldsymbol{k})$ 是水平气压梯度力所造成的动能倾向谱，而 $D(\boldsymbol{k})$ 是耗散所造成的动能倾向谱，在这里的数值模拟中耗散是由显式 6 阶数值耗散以及 2 阶的水平和垂直混合共同造成的，且其效果总是为负贡献，所以在计算中作为余项处理。式(6.22)中各项的具体表达式见第五章。

采用基于三点拉格朗日插值的数值差分方法计算了式(6.22)中的各项，并按类似于水平动能谱 $E(k_h)$ 的定义方式(6.20)构造了相应的水平波数谱 $T(k_h)$ 和 $P(k_h)$ 。图 6.13 给出了不同高度层和不同时期动能倾向 $\partial E(k_h)/\partial t$ ，非线性项 $T(k_h)$ 和气压项 $P(k_h)$ 的水平波数谱。如不另作说明，以下分析中主要关注动能谱斜率表现为 $-5/3$ 的区域，即波长在[40 km，400 km]的波数范围。

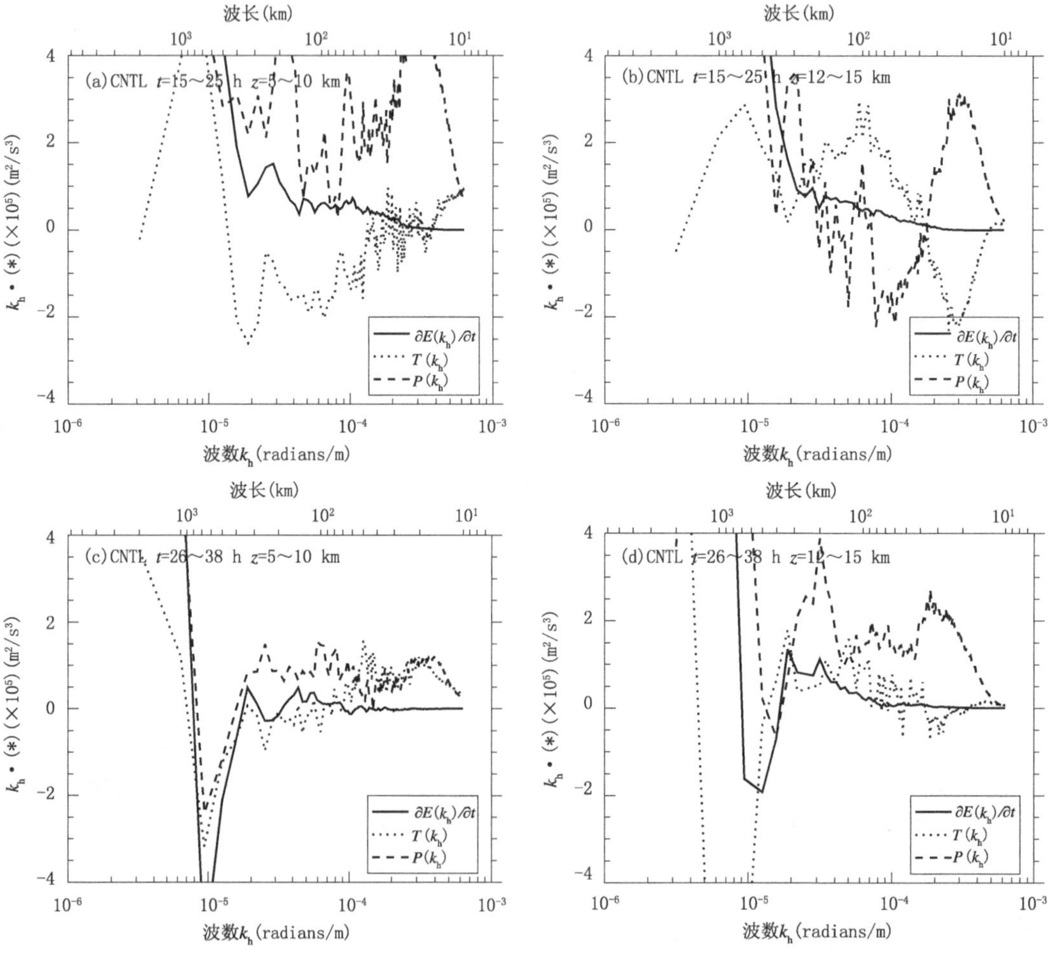

图 6.13　水平动能倾向谱 $\partial E(k_h)/\partial t$ (实线)、能量转移项谱 $T(k_h)$ (点线)和气压项谱 $P(k_h)$ (短虚线)。谱的计算取高度 $z=5\sim10$ km(左)和 $z=12\sim15$ km(右)平均和时间 $t=15\sim25$ h(a、b)和 $t=26\sim38$ h(c、d)平均。$*$ 代表 $\partial E(k_h)/\partial t$ 、$T(k_h)$ 、$P(k_h)$ 三者中任一个，谱值($*$)乘以 k_h 是为了保持画图区域满足对数线性坐标，而坐标范围的选择则强调了中尺度子范围 $40\ \text{km}\leqslant\lambda\leqslant400\ \text{km}$

梅雨锋成熟前期($t=15\sim25$ h)，对流活动旺盛(图 6.3)，在对流层高层(图 6.13a)中尺度能量主要是由气压项增加，而被非线性项移除；在平流层低层(图 6.13b)，中尺度能量则主要是由非线性项增加，而气压项的作用相对复杂，在大于 220 km 的波长范围上气压项波数谱为正，在小于 90 km 的波长范围上为负，而在[90 km，220 km]之间则正负值交替。这与 Waite 和 Snyder(2009)在研究干斜压波时所得到的结论刚好相反(Waite 和 Snyder(2009)中图 11)，出现这种差异的原因可能是当前的研究中包含了湿物理过程。

梅雨锋成熟期(t=26～38 h),伴随着对流强度减弱稳定,在对流层高层(图 6.13c)气压项增加中尺度能量的作用变弱,而相应的非线性项移除中尺度能量的作用也变弱,甚至还在较小尺度上变为增加的作用;而在平流层低层(图 6.13d),非线性项和气压项均表现为增加中尺度能量的作用,并且气压项的作用占主导。在梅雨锋成熟后期(图略),由于对流的再次加强,气压扰动项以及非线性项的作用与梅雨锋成熟前期相似。

显然,由于中尺度范围上气压项显著的能量注入,中尺度−5/3 谱的动力学形成机制并不能被描述成惯性范围能量串级。正如第 6.4 节中所提及的,对流层高层中尺度动能谱的建立与深对流释放潜热的直接加热有关,而平流层低层动能谱的增长可能与强对流激发的垂直传播的重力惯性波有关。为了定量分析这两种不同的机制,接下来对气压项进行进一步的分析。根据第 5 章的推导,并考虑非绝热加热和大尺度地转强迫的作用,气压项可以进一步写成如下形式:

$$P(\boldsymbol{k})\approx c_p\hat{H}_m\hat{\pi}'+c_p\hat{G}_m\hat{\pi}'-\frac{c_p}{\bar{\rho}_d}\frac{\partial\bar{\rho}_d\bar{\theta}\hat{w}\hat{\pi}'}{\partial z}+c_p\bar{\theta}\hat{w}\partial_z\hat{\pi}' \tag{6.23}$$

其中,右边第一项为非绝热项,包括微物理过程对位温和水汽两者的贡献,代表了深对流的直接作用,第二项为大尺度地转梯度强迫作用,第三项为气压通量的垂直散度,与 IGW 能量通量相关,第四项为浮力通量中转换为水平动能的部分。不难发现,方程(6.23)比第 5 章中相应的方程多了一项 $c_p\hat{G}_m\hat{\pi}'$,原因在于在理想梅雨锋模型的设计中考虑了大尺度地转强迫(G_m)的作用,且

$$G_m=-(1+1.61q_v)u(\partial\theta_g/\partial x)_{LS}-1.61\theta u(\partial q_{vg}/\partial x)_{LS} \tag{6.24}$$

同样地,式(6.23)中各项的水平波数谱的构造类似于式(6.20)。

图 6.14 给出了不同高度层和不同时期浮力通量和气压通量散度的水平波数谱。在对流层高层(图 6.14a、c),即潜热直接加热区,不论是在梅雨锋系统成熟前期还是梅雨锋系统成熟期,对中尺度动能而言,正贡献主要来源于浮力通量项,而气压通量散度则表现为负贡献;而且,在成熟期,也就是高层对流层动能谱表现为稳定的−5/3 斜率时,浮力通量项在尺度 300 km 附近存在一个明显的极值,也就是说在 300 km 处浮力通量项对中尺度能量有一个明显的注入。这在一定程度上说明较小尺度能量源是存在的,同时也暗示了升尺度能量串级的存在。

在平流层低层(图 6.14b、d),即非潜热直接加热区,动能的正贡献则主要来源于气压通量散度项,浮力通量项则表现为负贡献。而且,在梅雨锋成熟期,相比非线性平流的作用,气压通量散度项具有更大的正贡献,这表明与重力波有关的气压通量散度对平流层低层动能谱的形成和维持具有重要作用。

图 6.15 给出了不同时期对流高层平均的非绝热项(实线)、大尺度强迫项(虚线)的水平波数谱。在对流层高层,非绝热项的直接效应表现为:在较小尺度和较大尺度具有增加动能的作用,但是中尺度区域 60 km～400 km 却使动能减小。值得注意的是,相比浮力通量项和气压通量散度的作用(间接效应),非绝热加热项和大尺度梯度强迫项的作用(直接效应)要小一个量级。

6.6 小结

本章首先基于 WRF 模式设计了理想的初始场,并进行了数值模拟,较好地模拟出了梅雨锋系统的典型结构和演变特征;然后,基于高分辨率的模拟结果分析了梅雨锋系统的动能谱及

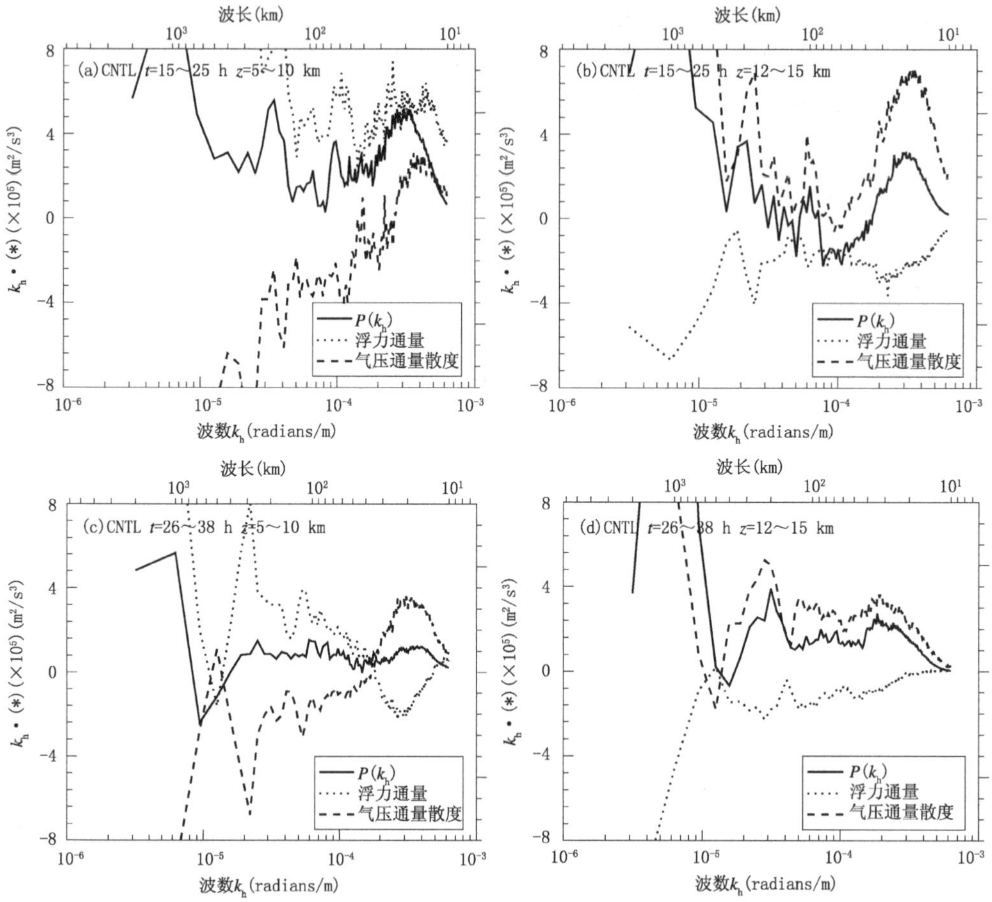

图 6.14　气压项 $P(k_h)$（实线）、浮力通量（buoyancy、点线）和气压通量散度（pressure flux 短虚线）的水平波数谱。谱的计算取高度 $z=5\sim10$ km（左）和 $z=12\sim15$ km（右）平均和时间 $t=15\sim25$ h(a、b)和 $t=26\sim38$ h(c、d)平均，其他细节类似于图 6.13

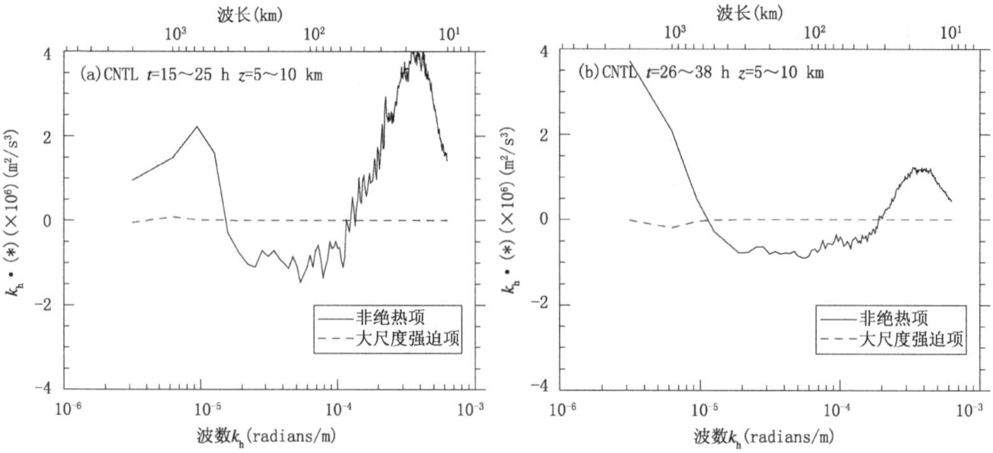

图 6.15　不同时期平均且沿对流高层平均的非绝热项（diabatic，实线）、大尺度强迫项（LS forcing，虚线）的水平波数谱。谱的计算取高度 $z=5\sim10$ km 平均和时间 $t=15\sim25$ h(a)和 $t=26\sim38$ h(b)平均，其他细节类似于图 6.13

其演变特征；最后，通过诊断动能谱收支方程，研究了动能谱产生的不同机制，解释了中尺度动能转折形成的原因。

梅雨锋系统成熟期，对流层低层由于存在强锋面，动能谱没有恒定的斜率，大约在 330 km 有一个明显的峰值，这一尺度与梅雨锋系统的经向尺度是相当的；对流层高层，动能谱表现为明显的谱转折特征：在尺度范围[400 km，1000 km]动能谱斜率大约为－3.5，而过渡到较小尺度[40 km，400 km]上，动能谱斜率变得平缓，为－1.7。在平流层低层，其动能谱也表现出了明显的谱转折特征：在较大尺度 [400 km，1000 km] 上，动能谱斜率大约为－4.1，而过渡到较小尺度[40 km，400 km]上，动能谱斜率大约为－2.1。对于梅雨锋系统，中尺度动能谱转折尺度大约为 400 km。

对于典型的梅雨锋系统，在中尺度范围[40 km，400 km]上散度动能谱与涡旋动能谱的量级相当且具有同等平缓程度；散度动能在对流层高层略小于涡度动能，这与 Lindborg(2007) 的数据分析结果一致，而在平流低层散度动能略大于涡度动能。由于在对流层高层和平流层底层涡旋动能谱也表现出明显的转折特征，因此梅雨锋系统斜率－5/3 的中尺度谱的形成，并不只是由于具有接近－5/3 斜率的散度动能谱随着尺度减小比重增大而造成的。这种特征与斜压波有明显的差异，这可能与梅雨锋系统弱的斜压性结构有关。

敏感性试验结果清晰地表明：深对流过程以及所伴随的潜热对于梅雨锋系统中高层动能谱的形成和维持有着重要的作用，尤其是中尺度范围动能谱－5/3 斜率特征，潜热释放造成了动能的快速增加；而关闭潜热后，大约 12 h，大气动能谱的转折特征消失，而且在小于 400 km 的尺度上动能谱的斜率减小至接近－3，尤其是在对流层高层这种特征更明显。

为揭示中尺度动能谱的形成机理，在谱空间对动能收支进行了诊断，结果表明：动能的收支，主要依赖于非线性平流项和气压项。进一步分析气压项表明，在气压项中起主要作用的是浮力项和气压通量散度项，而非绝热直接加热和大尺度地转强迫的作用较小。在对流层高层，潜热直接加热区，中尺度动能主要由浮力通量项增加，其反映了有效位能向动能的转换，而气压通量散度和非线性作用使中尺度动能减少；在平流层低层，与对流层高层的情况相反，中尺度动能主要是由气压通量散度项和非线性项增加，而浮力通量项则表现出减小中尺度动能的作用。在梅雨锋成熟期，对流层高层动能谱表现为稳定的－5/3 斜率时，浮力通量项在整个中尺度上都表现为高值且在 300 km 附近存在一个明显的极值，这表明在中尺度范围上有明显的动能注入。

综合以上分析可认为，在梅雨锋系统中，中尺度动能谱的发展和演变是由以下四种机制及其相互作用造成的：(1)通过第二类对流不稳定机制激发深对流，主要是在对流层；(2)通过浮力扰动转换有效位能为水平动能，主要是在对流层高层；(3)通过垂直传播的重力惯性波加强平流层低层中尺度动能谱，而重力惯性波是由潜热释放激发的；(4)通过非线性相互作用填满中尺度谱区。这些过程可以更详细地描述如下：由于梅雨锋系统的高湿环境，上升运动在非线性第二类对流不稳定机制的作用下，很快发展为深对流，在对流层高层释放潜热，潜热产生强浮力扰动的同时激发重力惯性波，在对流层高层，有效位能通过浮力扰动直接转换为动能，这些动能中绝大部分被垂直传播的重力惯性波输送到平流层低层，部分动能通过非线性相互作用分布到整个谱域。本章的研究也进一步表明：对于复杂的大气系统，在考察其不同尺度能量串级时，必须考虑到大气湿物理过程的影响和不同高度间的相互作用。

第 7 章　梅雨锋系统的湿有效位能谱

7.1　引言

第 6 章中，在成功地模拟了理想梅雨锋系统的基础上，研究了梅雨锋系统的不同高度、不同阶段中尺度水平动能谱特征及形成的物理机制。结果表明：对流层高层的中尺度水平动能通过浮力通量产生，同时被非线性平流和垂直气压通量散度移除；而平流层低层的中尺度水平动能由非线性平流和垂直气压通量散度产生，同时被浮力通量移除。在梅雨锋系统成熟期，对流层高层的浮力通量谱在 300 km 左右有一个峰值，且在整个中尺度范围上为平稳的高值。本质上，正的浮力通量谱暗示了不同波长上有效位能向动能的不同转换率。梅雨锋系统中尺度动能谱表现出了 −5/3 斜率特征，那么其中尺度有效位能谱是否也表现出相似的特征？此外，惯性范围理论预测的是总能量谱的标度行为（scaling behavior），因此只考虑动能谱而不考虑有效位能谱是不全面的，而且湿过程释放的潜热加热首先作用在有效位能谱上。为此，本章将进一步研究梅雨锋系统的有效位能谱，尤其是弄清楚湿过程如何影响有效位能的谱收支以及有效位能和水平动能之间的谱转换。

本章结构安排如下：7.2 节进一步分析上一章模拟的理想梅雨锋系统的结构特征；7.3 节给出了梅雨锋系统的湿有效位能谱，并讨论中尺度湿有效位能 −5/3 谱斜率对潜热加热的敏感性；7.4 节给出了湿有效位能谱收支的诊断分析，并讨论了不同形式能量之间的谱转换特征；7.5 节给出了本章主要的结论。

7.2　理想梅雨锋系统特征进一步分析

基于中尺度模式 WRFv3.2，第 6 章模拟了理想的梅雨锋系统，并且模拟的梅雨锋系统在结构和演变上均十分符合观测结果。如前所述，控制试验（CNTL）模拟的梅雨锋系统表现为三个明显的阶段：早期（$t=15\sim25$ h），非常强的垂直对流；成熟期（$t=26\sim38$ h），相对较弱的垂直对流；后期（$t=39\sim48$ h），垂直对流进一步加强。同时，模拟的梅雨锋系统也表现出了高层辐散流型和准静止且具有“core-gape”结构的降水图案。

本章将继续基于这些模拟（包括控制试验和敏感性试验）研究梅雨锋系统的湿有效位能谱。因为第 6 章中已经给出了许多模拟的梅雨锋系统的二维结构特征，这里将只分析控制试验中修改的位温和凝结物的分布特征。图 7.1 给出了纬向平均的修改位温扰动和总凝结物混合比在 $t=12$ 和 26 h 时的垂直剖面，同时也给出了相应时刻纬向平均的位温扰动和水汽混合比。因为 $\theta'_m=\theta_m-\bar{\theta}\simeq\theta'+1.61\bar{\theta}q_v$，所以水汽的存在会改变修改位温扰动。梅雨锋暖区丰富的水汽(图 7.1a)增强了梅雨锋南侧的修改位温扰动(图 7.1c)。初始 12 h，即强对流开始之前，梅雨锋暖区的 θ'_m 由水汽主导，以至于 θ'_m 的分布(图 7.1c)几乎平行于水汽的分布(图7.1a)。考虑到湿有效位能(MAPE)正比于 θ'_m 的平方，因此水汽增强了梅雨锋暖区的湿有效位能。这一结果与 Bannon (2005)的结果一致，他也发现有效能量随着水汽含量的增大而增大。随着对流增强，低层水汽被抬升到一定高度并发生凝结；水汽相变伴随着潜热释放(图7.1b)，释放的潜热显著增加了对流层高层的 θ'_m。到 $t=26$ h(图 7.1d)，在对流层高层修改位温扰动(θ'_m)的峰值位于 7.5 km 左右并达到 6.9 K。此外，潜热加热的非均匀性导致了修改位温具有典型的中尺度特征，这暗示了中尺度湿有效位能的增大。接下来，我们将考察对流层高层和平流层低层的湿有效位能谱。考虑到计算湿有效位能谱的需要，图 7.2 首先给出了模拟的梅雨锋系统的 Brunt-Väisälä 频率 $N^2=g\partial\ln\bar{\theta}/\partial z$ 和前置系数 $\gamma(z)/2$ (Gage 和 Nastrom，1986)的垂直廓线。

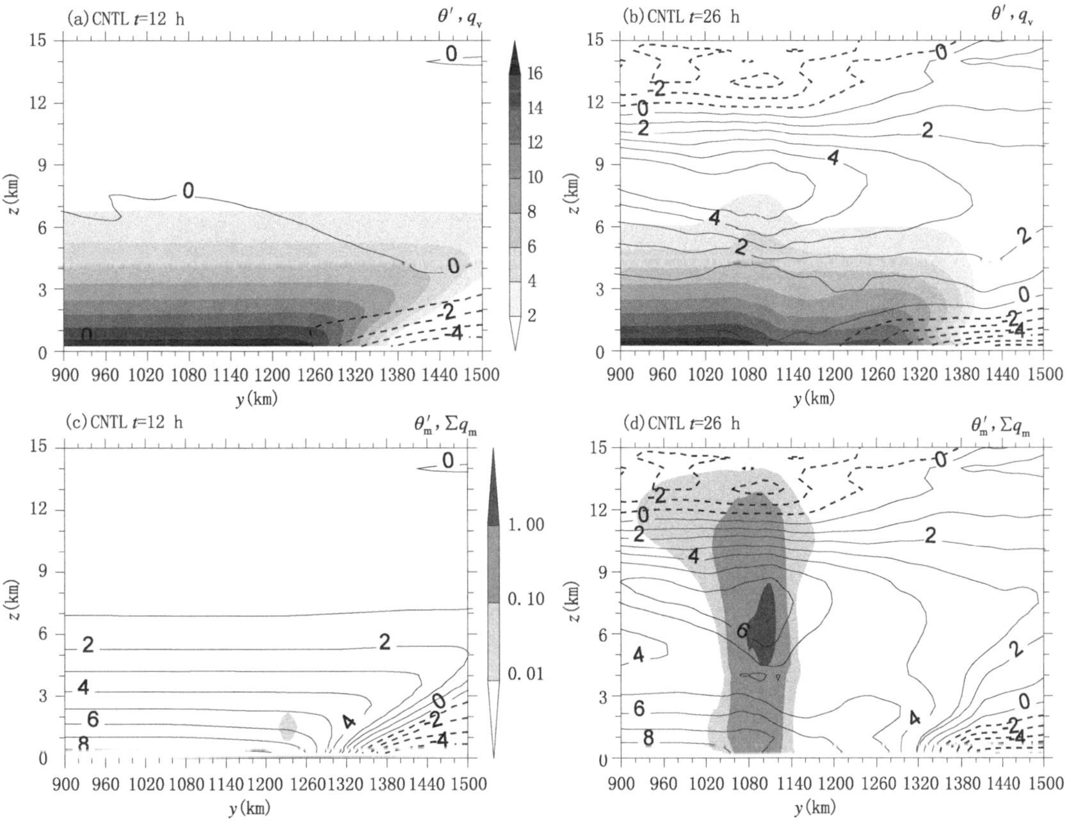

图 7.1　(a、b)纬向平均的位温扰动(θ'，等值线，间隔 1.0 K)和水汽混合比(q_v，阴影)以及(下栏)纬向平均的修改位温(θ'_m，等值线，间隔 1.0 K)和总的凝结物混合比($\sum q_m$，阴影)的垂直剖面分布

(a、c. $t=12$ h；b、d. $t=26$ h)

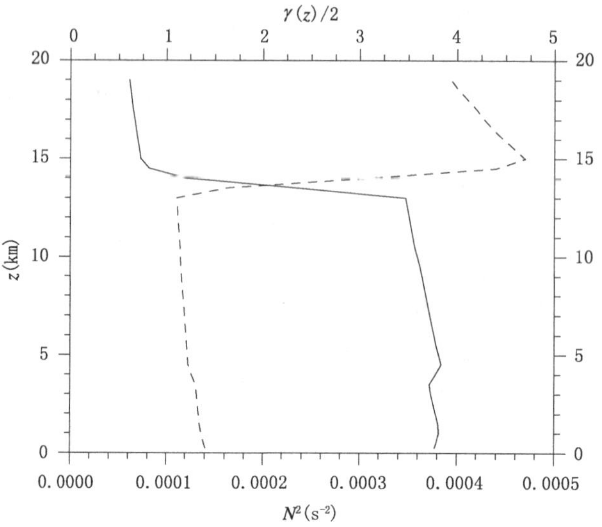

图 7.2 模拟的梅雨锋系统的 Brunt-Väisälä 频率 N^2（虚线）和前置系数 $\frac{\gamma(z)}{2}$（实线）的垂直廓线

7.3 梅雨锋系统的中尺度湿有效位能谱

7.3.1 湿有效位能谱

作为 $k_h = |\boldsymbol{k}| = \sqrt{k_x^2 + k_y^2}$ 的函数，水平波数谱是按照类似于第 6 章中的式(6.20)构造的，即

$$E_A(k_h) = \sum_{k_h - \Delta k/2 \leqslant |\boldsymbol{k}| < k_h + \Delta k/2} E_A(\boldsymbol{k})/\Delta k \tag{7.1}$$

式中，$\Delta k = \pi/(\Delta \cdot N)$，这里 Δ 为水平格距，$N = \min(N_i, N_j)$ 且 N_i、N_j 分别为 x 和 y 方向的格点数。

根据第 6 章中图 6.4b 所示的潜热加热廓线，以下仍以 $z = 0 \sim 5$ km，5～10 km 和 12～15 km 平均分别代表对流层低层，对流层高层和平流层低层。图 7.3 给出的是控制试验模拟的不同高度层平均的湿有效位能谱演变。总体上，湿有效位能谱的演变与动能谱的演变（图 6.8）相似，二者都与对流演变一致。由于模式起转的影响，初始 2 h 内所有层次上的湿有效位能也都经历了一个显著的调整过程。在对流层，湿有效位能谱的快速增强大约开始于 $t=12$ h，此时对流启动。在对流层高层和低层，湿有效位能首先在波数范围 $k_h > 2\pi \times 10^{-5}$ rad/m（对应波长小于 100 km 范围）显著增长；随着对流的增强，湿有效位能增长的范围扩展到更大的尺度上。与此同时，在平流层低层，直到深对流的建立，湿有效位能谱才开始显著增长。

到 $t=26$ h，所有高度层上的湿有效位能谱均达到饱和。在对流层低层，强梅雨锋面存在，湿有效位能谱没有恒定的斜率。在对流层高层和平流层低层，饱和的湿有效位能谱在中尺度范围上表现出了明显的转折：在波数范围 $k_h < k_0$ 上，湿有效位能谱的斜率为 -3；而波数范围 $k_h > k_0$ 上，其斜率为 $-5/3$，这里转折波数 $k_0 = \pi/2 \times 10^{-5}$ rad/m，对应于波长 400 km 左右

(以下简称转折尺度)。也就是说,梅雨锋系统的湿有效位能谱表现出与其水平动能谱一样的谱斜率和谱转折特征,这与观测结果十分吻合(Nastrom 和 Gage,1985)。

除了以上这些相同之处外,湿有效位能和水平动能之间也存在一些重要的差异。最显著的一点是,在小于 40 km 的小尺度上,即波数 $k_h > \pi/2 \times 10^{-4}$ rad/m,湿有效位能谱没有像水平动能谱那样快速衰减,尤其是在对流层,这个特征更明显。

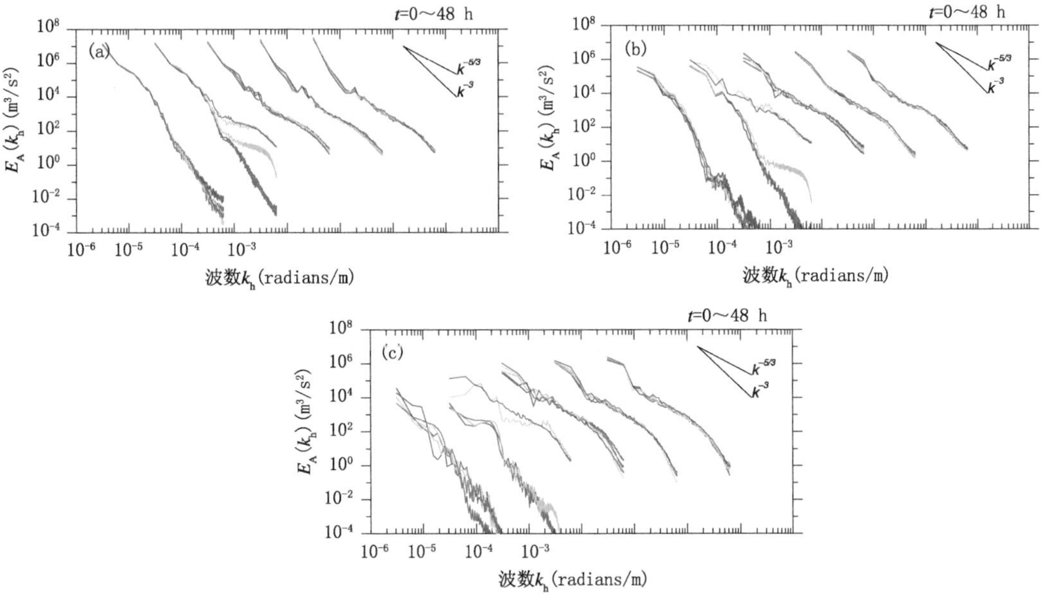

图 7.3　试验 CNTL 模拟的沿不同高度层垂直平均的湿有效位能谱 $E_A(k_h)$ 随时间的演变
(a. 对流层低层 $z=0\sim5$ km;b. 对流层高层 $z=5\sim10$ km;c. 平流层低层 $z=12\sim15$ km;$t=0\sim48$ h,谱线间隔 2 h,每 5 条为一组(按时次顺序对应颜色为蓝色、暗绿、橙色、浅绿色、红色),不同组在波数 k_h 上按 10 的幂次向右平移。参考谱线的斜率为 $-5/3$ 和 -3)

7.3.2　成熟期平均的湿有效位能谱特征

图 7.4 给出了控制试验模拟的成熟期时间平均的湿有效位能谱。对流层低层的湿有效位能谱,在波长 330 km 处附近表现出一个明显的峰值,这一特征与水平动能谱一致。在对流层高层,湿有效位能谱的斜率在中尺度范围的较大尺度端($400\ \text{km} \leqslant \lambda \leqslant 1000\ \text{km}$)接近 -3.6,而在较小尺度端($40\ \text{km} \leqslant \lambda \leqslant 400\ \text{km}$)转变为更平缓的 -1.8。在平流层低层,湿有效位能在中尺度谱段上也表现出了显著的转折特征:在波长范围 $400\ \text{km} \leqslant \lambda \leqslant 1000\ \text{km}$ 上其斜率近似为 -3.8;而在较小尺度范围 $40\ \text{km} \leqslant \lambda \leqslant 400\ \text{km}$ 上其斜率大概为 -1.9。

7.3.3　与观测结果对比分析

图 7.5 进一步比较了模拟的对流层高层和平流层低层的能量谱与观测得到的参考谱。这里,参考谱线是 Lindborg(1999)使用结构函数方法分析 MOZAIC(Measurement of Ozone and Water Vapor by Airbus In-Service Aircraft)飞机探测资料拟合得到的。在对流层高层(图 7.5a),在波长范围 $100\ \text{km} \leqslant \lambda \leqslant 1000\ \text{km}$ 上,水平动能谱与 Lindborg 谱线非常吻合,尽管其强度在转折尺度 400 km 左右低于观测值;湿有效位能谱的形状类似于水平动能谱,这一特征几

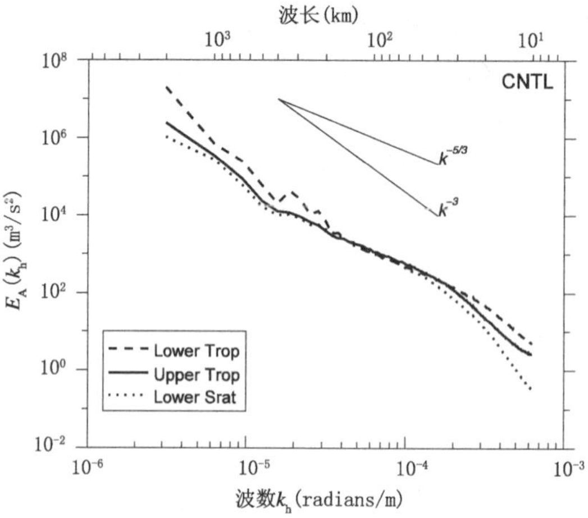

图 7.4　试验 CNTL 模拟的梅雨锋系统成熟期(26 h≤t≤38 h)时间平均的不同高度层上的湿有效位能谱。虚线为沿 z=0～5 km 垂直平均,代表对流层低层(Lower Trop);实线为沿 z=5～10 km 垂直平均,代表对流层高层(Upper Trop);点线为沿 z=12～15 km 垂直平均,代表平流层低层(Lower Strat)。参考谱线的斜率为－5/3 和－3

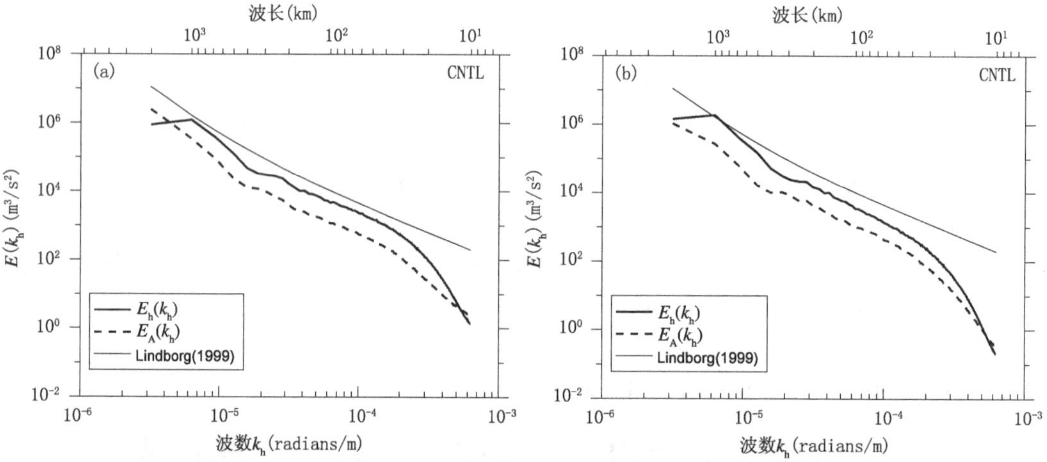

图 7.5　试验 CNTL 模拟的梅雨锋系统成熟期(26 h ≤ t ≤ 38 h)时间平均的不同高度层上的能量谱。粗实线为水平动能谱,短虚线为湿有效位能谱,细线为从 MOZAIC 飞机观测资料拟合得到的 Lindborg (1999)参考谱线。其他细节同图 7.4;(a. 对流层高层;b. 平流层低层)

乎表现在所有尺度上除了耗散尺度,但是湿有效位能比水平动能要小得多。在平流层低层(图 7.5b),可以发现相似的结果,不过在波长范围 40 km ≤ λ ≤ 400 km 上水平动能谱比参考谱线稍微陡峭一点,因而具有更低的强度。在这两个高度层上,在波长范围 40 km ≤ λ ≤ 1000 km 内,中尺度水平动能谱与湿有效位能谱的比值近似为 4。而在实际观测的结果(Nastrom-Gage 谱)中,动能谱与有效位能谱的比值近似为 2 (Gage 和 Nastrom,1986)。显然,这个比值比实际观测结果大。Waite 和 Snyder(2009)基于 WRF 模式模拟了理想的斜压波系统,其模拟结果很好地复制出了 Nastrom-Gage 谱的这一观测结果。所以,这个差异的存在应该是梅雨锋系统弱的斜压性造成的,而不是当前研究所使用的 WRF 模式本身造成的。

7.3.4　湿有效位能谱对潜热加热的敏感性

第 6 章的分析已经指出，湿过程在中尺度水平动能－5/3 谱斜率的维持中的重要性。水汽相变释放的潜热通过调整修改的位温，滋养了中尺度有效位能，继而增强了水平动能的浮力制造项。由此看出，湿过程首先影响的是湿有效位能。为了进一步强调潜热的直接作用，同样分析了试验 HEAT24hoff 中的湿有效位能谱的演变。结果发现，与控制试验（CNTL）相比，潜热关掉后对流层（图 7.6a、b）和平流层（图 7.6c）的湿有效位能在波长小于转折尺度的范围上快速减小；大约 12 h 以后，湿有效位能谱在中尺度范围上不再表现出明显的谱转折特征。因此可以推断，潜热加热增加的湿有效位能，部分用来维持中尺度湿有效位能谱的－5/3 斜率，部分转换为动能用来维持中尺度水平动能谱的－5/3 斜率。

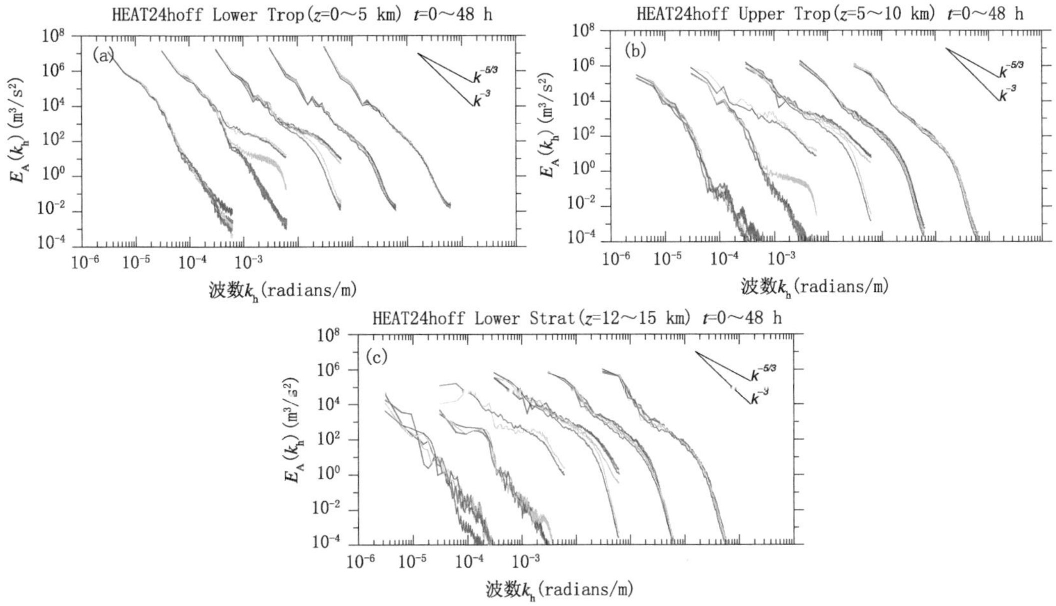

图 7.6　试验 HEAT24hoff 模拟的沿不同高度层垂直平均的水平动能谱 $E_A(k_h)$，其他细节同图 7.3

7.4　梅雨锋系统湿有效位能的谱收支及转换谱

7.4.1　湿有效位能的谱收支

为了更深入地研究中尺度湿有效位能谱形成的动力学机理，这一节将对湿有效位能的收支进行谱分析。根据第 5 章，同时考虑大尺度强迫的作用，湿有效位能的谱收支方程可以改写为：

$$\frac{\partial}{\partial t}E_A(\boldsymbol{k}) = T_A(\boldsymbol{k}) - C(\boldsymbol{k}) + H_A(\boldsymbol{k}) + G_A(\boldsymbol{k}) + D_A(\boldsymbol{k}) \tag{7.2}$$

式中增加的项为 $G_A(\boldsymbol{k})$，其具体表达式为：

$$G_A(\boldsymbol{k}) = \gamma(z)\hat{G}_m\hat{\theta}'_m \tag{7.3}$$

且 $G_m = -(1+1.61q_v)u(\partial\theta_g/\partial x)_{LS} - 1.61\theta u(\partial q_{v_g}/\partial x)_{LS}$，其他项的具体表达式见第 5 章。

根据前面描述的一维 k_h 谱的构造方式，图 7.7 给出了不同高度不同时期非线性项 $T_A(k_h)$、湿有效位能向其他形式能量的转换项 $C(k_h)$、潜热加热项 $H_A(k_h)$、大尺度强迫项 $G_A(k_h)$ 和余项 $\Delta(k_h) = H_A(k_h) - C(k_h)$ 的水平波数谱。这里主要关注梅雨锋系统的早期(t =15～25 h)和成熟期(t =26～38 h)。

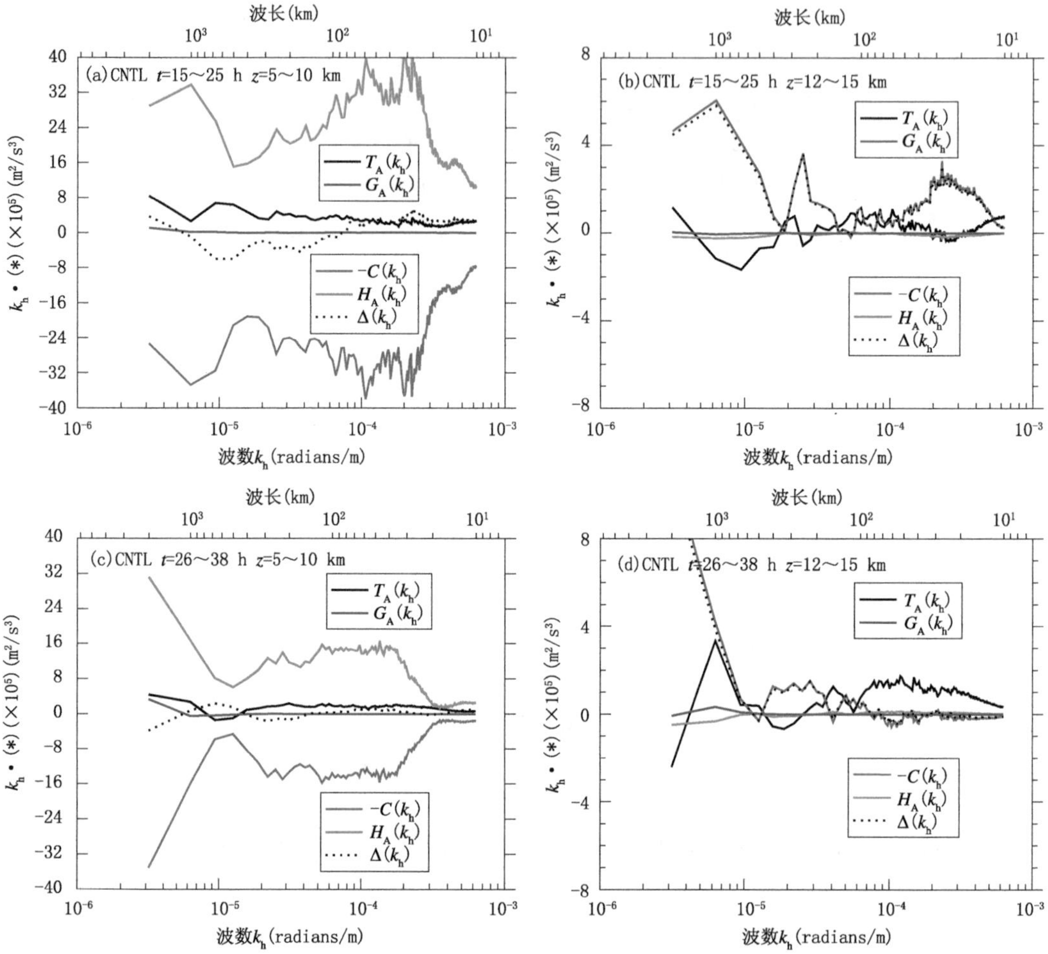

图 7.7　非线性项 $T_A(k_h)$（黑色）、大尺度强迫项 $G_A(k_h)$（蓝色）、转换项 $-C(k_h)$（红色）、潜热加热项 $H_A(k_h)$（绿色）以及余项 $\Delta(k_h) = H_A(k_h) - C(k_h)$（点线）的水平波数谱。谱的计算取高 z=5～10 km（左）和 z=12～15 km（右）平均和时间 t=15～25 h(a、b)和 t=26～38 h(c、d)平均。* 代表 $T_A(k_h)$、$G_A(k_h)$、$-C(k_h)$、$H_A(k_h)$、$\Delta(k_h)$ 五者中任一个，谱值(*)乘以 k_h 是为了保持画图区域满足对数线性坐标，而坐标范围的选择则强调了中尺度范围

在 t=15～25 h 时期，潜热加热造成的强的直接强迫发生在整个对流层且峰值在 8 km 高度上(图 6.4b)。在对流层高层(图 7.7a)，主要的平衡位于 $H_A(k_h)$ 和 $C(k_h)$ 之间，中尺度湿有效位能主要由潜热加热项 $H_A(k_h)$ 产生，而被转换项 $C(k_h)$ 移除。而且，二者的余项 $\Delta(k_h)$ 比二者中任何一个都要小得多。这意味着在每个水平波数 (k_h) 上潜热加热产生的湿有效位能绝大部分直接转换为同一波数上其他形式的能量。另外，非线性项对中尺度湿有效位能也

有着小的正贡献。尽管非线性项的作用远小于潜热加热的正贡献,但是其作用的强度与 $\Delta(k_h)$ 是具有可比性的;在波长范围 100 km $\leqslant \lambda \leqslant$ 1000 km 上,余项 $\Delta(k_h)$(负)和非线性项 $T_A(k_h)$(正)之间存在次级平衡,这说明非线性项增加的湿有效位能也被转换为其他形式的能量。此外,大尺度的强迫项只对大尺度上的湿有效位能有着弱的正贡献。在平流层低层,潜热加热的直接强迫作用非常弱,几乎可以忽略不计;而转换项 $C(k_h)$ 在所有尺度上均为正,即增加湿有效位能,这说明在平流层低层有其他形式的能量(从图 7.8b 来看这种能量主要是水平动能)转换为湿有效位能。这个转换的极大值发生在大于 1000 km 尺度范围上;在中尺度低端(小于转折尺度 400 km),这个转换在 250 km 附近表现为一个峰值。但是,非线性项 $T_A(k_h)$ 在中尺度范围上有着稍微复杂的形状:其在 $\lambda \simeq$ 660 km 附近达到极小值,在 $\lambda \simeq$ 400 km 和 $\lambda \simeq$ 200 km 之间三次穿过 0 点,在 $\lambda \simeq$ 200 km 和 $\lambda \simeq$ 40 km 之间增加达到一个小的、正的稳定值。注意,小于 40 km 波长属于耗散尺度。

在 t = 26～38 h 时期,对流逐渐减弱。在梅雨锋系统的对流层高层(图 7.7c),主要的平衡仍然位于 $H_A(k_h)$ 和 $C(k_h)$ 之间,但是此时这两项的强度比前期要弱得多。在平流层低层(图 7.7d),除了在 400 km 和 200 km 之间转换项 $C(k_h)$ 表现为一稳定高值外,总体上转换项 $C(k_h)$ 的特征与图 7.7b 中的结果非常相似。但是,成熟期的非线性项(图 7.7d)与成熟前期(图 7.7b)有很大不同,尤其是在较大尺度上,差异更明显。

7.4.2　不同形式能量之间的转换谱

在过去的研究中(Koshyk 和 Hamilton,2001; Augier 和 Lindborg,2013),能量谱收支方程往往建立在干框架之上且采用了静力平衡近似。因此,潜热释放只能被看作一个外部能量源,也只有干有效位能和水平动能之间的转换能够被考虑。而从第 5 章的图 5.3 中可以清晰地看出,湿对流系统(例如梅雨锋系统)中的湿有效位能可以转换为水平动能、垂直动能或者湿物质的重力势能。为了定量分析梅雨锋系统中的这三种转换过程,本节进一步计算了不同转换项 $C_{E_A \to E_h}(k_h)$,$C_{E_A \to E_q}(k_h)$ 和 $C_{E_A \to E_z}(k_h)$ 的水平波数谱。相应的结果见图 7.8。

在对流层高层,在梅雨锋系统的成熟前期(图 7.8a)和成熟期(图 7.8c),大尺度上湿有效位能向水平动能的转换过程占主导,而在较小尺度上湿有效位能向湿物质重力势能的转换过程占主导。更具体地说,在波长小于 400 km 左右的尺度范围上,对流系统的机械功主要用来增加湿物质重力势能,其次才是产生水平动能。这一发现与 Pauluis 等(2000)的研究结果是一致的。不过,这个次级的转换已足以维持中尺度 −5/3 水平动能谱。

在平流层低层(图 7.8b、d),两个阶段上的转换项($C(k_h)$)几乎在所有波长上都为负的,这表明有其他形式能量转换为湿有效位能。另外,转换项 $C_{E_A \to E_h}(k_h)$ 也是负的且其强度比得上甚至大于 $C(k_h)$。因此,平流层低层湿有效位能的主要源项来自于水平动能的转换。

此外,在对流层高层和平流层低层两个层次上,转换项 $C_{E_A \to E_q}(k_h)$ 总是负的。这表明了湿物质总是在消耗对流系统产生的机械功。因此,湿过程的作用显示出两个方面:(1)通过潜热释放增加湿有效位能;(2)转换湿有效位能为湿物质重力势能,而这些增加的重力势能大部分在降水过程中被耗散掉。

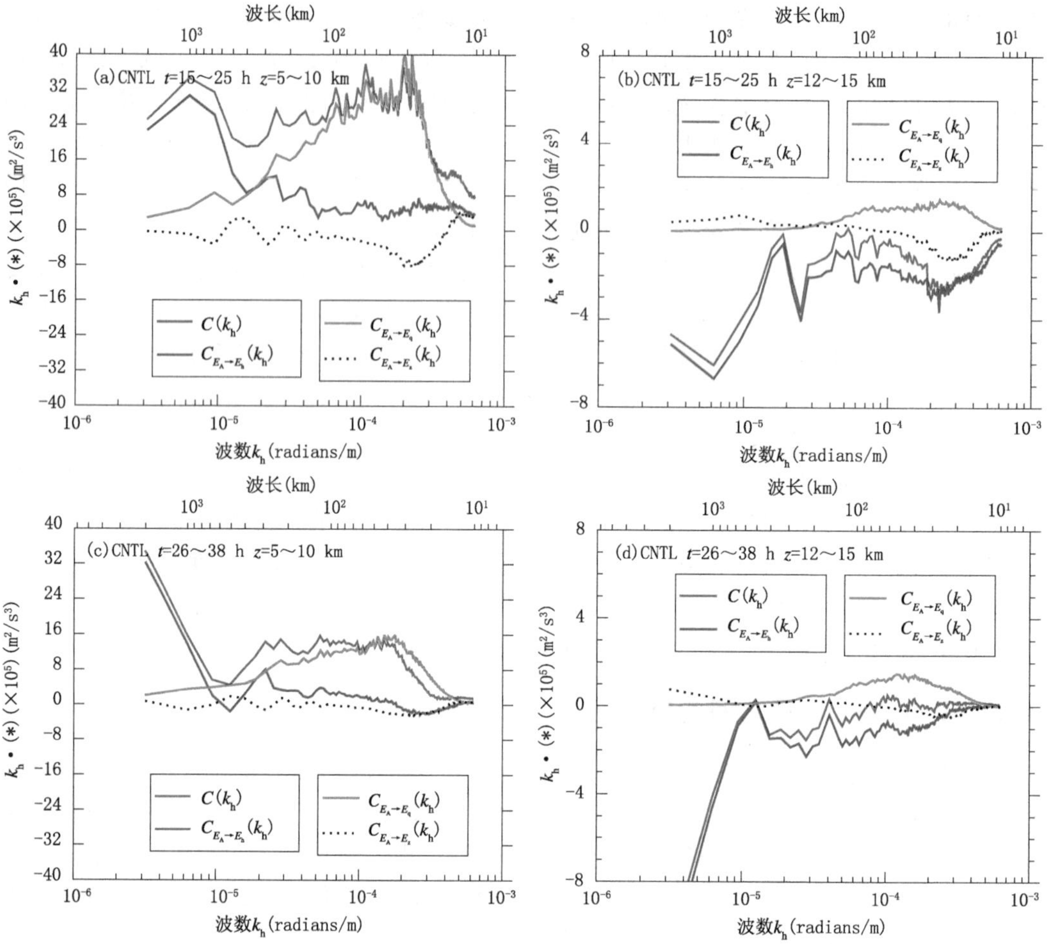

图 7.8　不同转换项 $C(k_h)$（红色）、$C_{E_A\to E_h}(k_h)$（蓝色）、$C_{E_A\to E_q}(k_h)$（绿色）以及 $C_{E_A\to E_z}(k_h)$（点线）的水平波数谱，其他细节同图 7.7

7.5　小结

本章基于第 6 章的理想数值试验，进一步研究了理想梅雨锋系统中尺度湿有效位能谱特征及其动力学形成机理。主要结论如下：

(1)在梅雨锋系统的成熟期，对流层高层和平流层低层的湿有效位能谱在中尺度上表现为一个明显的谱转折特征：在波数范围 $k_h < k_0$ 上，谱斜率近似为-3；在波数范围 $k_h > k_0$ 上，谱斜率近似为$-5/3$，这里 $k_0 = \frac{\pi}{2}\times10^{-5}$ rad/m 对应于波长 400 km 左右。具体地，在对流层高层，湿有效位能谱的斜率在中尺度大端(400 km$\leqslant\lambda\leqslant$1000 km)上为$-3.6$，而在较小尺度(40 km$\leqslant\lambda\leqslant$400 km)上转变为平缓的$-1.8$；在平流层低层，湿有效位能谱的斜率在波长范围 400 km$\leqslant\lambda\leqslant$1000 km 上近似为$-3.8$，而在较小波长范围 40 km$\leqslant\lambda\leqslant$400 km 上为$-1.9$。因此梅雨锋系统的湿有效位能谱表现出与其水平动能谱几乎相同的谱斜率和谱转折特征。与水平动能谱的行为相似，人为关掉潜热大约 12 h 以后，湿有效位能谱不再表现出明显的中尺度谱转折特征。这意味着潜热加热产生的湿有效位能，部分用来维持中尺度湿有效位能的 $-5/3$ 谱斜率，部分转换为动能用来维持中尺度水平动能的 $-5/3$ 谱斜率。

(2)为了调查梅雨锋系统中尺度湿有效位能谱的动力学形成机制，诊断分析了不同高度层上湿有效位能的谱收支。在对流层高层，主要的平衡位于 $H_A(k_h)$ 和 $C(k_h)$ 之间，这表明中尺度的湿有效位能主要由潜热加热项产生，而随后就被转换为同一波数上的其他形式能量。另外，非线性项对湿有效位能也有正贡献，尽管其贡献比潜热加热的正贡献小得多，但是它与余项 $\Delta(k_h)=H_A(k_h)-C(k_h)$ 在强度上是相当的。在平流层低层，中尺度湿有效位能主要源于水平动能的转换。

(3)进一步地分析不同形式能量之间的转换谱发现，在对流层高层，对于梅雨锋系统演变的前期和成熟期：在波长大于 400 km 的较大尺度上，湿有效位能向水平动能的转换占主导；在波长小于 400 km 的尺度上，对流系统制造的机械功主要用来增加湿物质的重力势能，只有较少部分用来产生水平动能，不过，这个次级转换已经足以维持中尺度水平动能谱的 $-5/3$ 斜率。

第 8 章　平流层低层湿斜压波系统的中尺度能量谱

8.1　引言

斜压波系统是中纬度经常出现的大气系统，其包含了许多实际中尺度系统的结构，如锋面、急流和重力惯性波等(Snyder et al. ,1991；Plougonven 和 Snyder,2007；Waite 和 Snyder,2009)，因此被作为中纬度天气系统研究的经典模型，理想斜压波系统也成了研究大气能量谱特征的首选系统。Waite 和 Snyder (2013)通过比较考虑和不考虑湿过程的斜压波模拟结果，分析发现了湿过程在对流层高层的中尺度动能谱建立中的重要性，尤其对于散度动能谱。湿过程释放潜热，通过正的浮力通量直接加强了对流层高层的中尺度能量谱。基于 Waite 和 Snyder(2013)的工作，至少还有两个方面需要进一步研究。其一是湿斜压波中平流层低层中尺度能量谱的动力学机制问题。在平流层低层，中尺度能量谱对湿过程的依赖性如何？除了来自于能量串级和对流产生的重力惯性波(convectively-generated IGWs) 直接强迫作用以外，是否还存在动能和有效位能的其他显著能量源或汇？考虑了湿过程后，贯穿平流层低层中尺度的能量串级的方向是否改变？本章重点研究这些问题。其二是对流层高层的动能和有效位能的谱收支需要进一步地定量诊断。通过定量诊断，才有可能弄清楚：在多大程度上湿过程增强了中尺度能量串级；净的直接强迫的显著性(IGWs 会将潜热注入能量的大部分输送到平流层低层)以及湿物质在对流层高层中的作用。关于对流层高层的能量谱收支分析将在下一章中进行讨论。

本章的结构安排如下：8.2 节描述了研究方法；8.3 节给出了斜压波模拟的简要描述；8.4 节讨论了湿斜压波系统的能量谱：包括水平动能谱、垂直动能谱和有效位能谱；并且定量评估了这些谱对湿度的依赖性；8.5 节利用新发展的湿非静力能量谱收支方程研究了平流层低层中尺度能量谱的动力学机理；8.6 节重点讨论了湿过程的作用和升尺度串级的可能机制；8.7 节给出了本章小结。

8.2　研究方法

8.2.1　单位体积的能量谱收支方程

为了使研究的谱具有能量单位而不是像前面的研究中所定义的单位质量的能量，这里考

虑单位体积的能量谱。同时，为了避免引入过多的标记符号，以下与第 5 章相对应的项所采用的标记符号保持不变，由于引入了参考态密度，表达式稍有不同。单位体积的水平动能(HKE)谱定义为 $E_h(\boldsymbol{k}) = \bar{\rho}_d(z)(\boldsymbol{u},\boldsymbol{u})_k/2$，式中 $\bar{\rho}_d(z)$ 表示干参考态的密度。水平动能谱可以自然地分解为水平旋转动能(RKE)和水平辐散动能(DKE)的波数谱，分别定义为 $E_R(\boldsymbol{k}) = \bar{\rho}_d(z)(\zeta,\zeta)_k/(2|\boldsymbol{k}|^2)$ 和 $E_D(\boldsymbol{k}) = \bar{\rho}_d(z)(\delta,\delta)_k/(2|\boldsymbol{k}|^2)$，其中 $\zeta = \partial v/\partial x - \partial u/\partial y$ 为垂直涡度且 $\delta = \partial u/\partial x + \partial v/\partial y$ 为水平散度。单位体积的垂直动能(VKE)谱定义为 $E_z(\boldsymbol{k}) = \bar{\rho}_d(z)(w,w)_k/2$。单位体积的湿有效位能(APE)谱定义为 $E_A(\boldsymbol{k}) = \bar{\rho}_d\gamma(z)(\theta'_m,\theta'_m)_k/2$，式中 $\gamma(z) = g^2/(N^2\bar{\theta}^2)$ 为无量纲的前置因子(dimensional pre-factor)且 $N^2 = g\partial\ln\bar{\theta}/\partial z$ 为 Brunt-Väisälä 频率。对第 5 章中单位质量的能量谱收支方程稍作修改后，可以得到单位体积的能量谱收支方程如下：

$$\frac{\partial}{\partial t}E_h(\boldsymbol{k}) = t_h(\boldsymbol{k}) + \partial_z F_{h\uparrow}(\boldsymbol{k}) + Div_h(\boldsymbol{k}) + \partial_z F_{p\uparrow}(\boldsymbol{k}) + C_{A\to h}(\boldsymbol{k}) + H_h(\boldsymbol{k}) + D_h(\boldsymbol{k}) + J_h(\boldsymbol{k}) \tag{8.1}$$

$$\frac{\partial}{\partial t}E_z(\boldsymbol{k}) = t_z(\boldsymbol{k}) + \partial_z F_{z\uparrow}(\boldsymbol{k}) + Div_z(\boldsymbol{k}) + C_{A\to z}(\boldsymbol{k}) + D_z(\boldsymbol{k}) + J_z(\boldsymbol{k}) \tag{8.2}$$

$$\frac{\partial}{\partial t}E_A(\boldsymbol{k}) = t_A(\boldsymbol{k}) + \partial_z F_{A\uparrow}(\boldsymbol{k}) + Div_A(\boldsymbol{k}) - C(\boldsymbol{k}) + H_A(\boldsymbol{k}) + D_A(\boldsymbol{k}) + J_A(\boldsymbol{k}) \tag{8.3}$$

在上述方程中，$t_h(\boldsymbol{k})$、$t_z(\boldsymbol{k})$ 和 $t_A(\boldsymbol{k})$ 为谱的转移项，是由非线性相互作用造成的，$F_{h\uparrow}(\boldsymbol{k})$ 为水平动能的垂直通量项；$F_{z\uparrow}(\boldsymbol{k})$ 为垂直动能的垂直通量；$F_{A\uparrow}(\boldsymbol{k})$ 为湿有效位能的垂直通量项；$F_{p\uparrow}(\boldsymbol{k})$ 为气压垂直通量项。$Div_h(\boldsymbol{k})$、$Div_z(\boldsymbol{k})$ 和 $Div_A(\boldsymbol{k})$ 分别为三维散度造成的水平动能、垂直动能和湿有效位能的谱倾向项(以下简称 3D 散度项)。$C_{A\to h}(\boldsymbol{k})$ 项代表湿有效位能向水平动能的转换谱；$C_{A\to z}(\boldsymbol{k})$ 项代表湿有效位能向垂直功能的转换谱；$C(\boldsymbol{k})$ 代表湿有效位能向其他形式能量的转换谱。$H_h(\boldsymbol{k})$ 和 $H_A(\boldsymbol{k})$ 为非绝热过程造成的谱倾向项。$D_h(\boldsymbol{k})$、$D_z(\boldsymbol{k})$ 和 $D_A(\boldsymbol{k})$ 为耗散项，$J_h(\boldsymbol{k})$、$J_z(\boldsymbol{k})$ 和 $J_A(\boldsymbol{k})$ 为绝热非保守过程。$\partial_z F_\uparrow(\boldsymbol{k})$ 为相应垂直通量 $F_\uparrow(\boldsymbol{k})$ 的垂直散度，简称垂直通量散度，例如 $\partial_z F_{h\uparrow}(\boldsymbol{k})$ 项被称为水平动能垂直通量散度。以上这些项的具体表达式见本章附录，而这些方程的详细推导参考第 5 章。

8.2.2　一维的总水平波数谱和累积谱

总水平波数(k_h)定义为 $k_h = |\boldsymbol{k}| = \sqrt{k_x^2 + k_y^2}$。作为 k_h 函数的波数谱是沿着波数带 $k_h - \Delta k/2 \leqslant |\boldsymbol{k}| < k_h + \Delta k/2$ 求平均得到的，这里 $\Delta k - \pi/(\Delta \cdot N)$ 为波数 k_h 带的宽度，Δ 为水平格距，$N = \min(N_i, N_j)$ 且 N_i 和 N_j 分别为 x 和 y 的格点数。举例来说，单位体积水平动能的一维波数谱定义为：

$$E_h[k_h] = \sum_{k_h - \Delta k/2 \leqslant |\boldsymbol{k}| < k_h + \Delta k/2} E_h(\boldsymbol{k})/\Delta k \tag{8.4}$$

在方程组(8.1)—(8.3)中各项的一维波数谱都按照类似的方式定义。

水平动能的非线性谱通量定义如下：

$$\Pi_h[k_h] = \sum_{k \geqslant k_h} t_h[k]\Delta k \tag{8.5}$$

垂直动能和有效位能的谱通量的定义类似。参照 Augier 和 Lindborg (2013)的做法，在总水平波数不小于 k_h 的范围上，按照的方式，将方程组(8.1)—(8.3)中的各项分别对波数进行累积求和，可以得到：

$$\frac{\partial}{\partial t}\varepsilon_h[k_h]=\Pi_h[k_h]+\partial_z\mathscr{F}_{h\uparrow}[k_h]+\mathscr{D}iv_h[k_h]+\partial_z\mathscr{F}_{p\uparrow}[k_h]$$
$$+\mathscr{C}_{A\to h}[k_h]+\mathscr{H}_h[k_h]+\mathscr{D}_h[k_h]+\mathscr{J}_h[k_h] \tag{8.6}$$

$$\frac{\partial}{\partial t}\varepsilon_z[k_h]=\Pi_z[k_h]+\partial_z\mathscr{F}_{z\uparrow}[k_h]+\mathscr{D}iv_z[k_h]$$
$$+\mathscr{C}_{A\to z}[k_h]+\mathscr{D}_z[k_h]+\mathscr{J}_z[k_h] \tag{8.7}$$

$$\frac{\partial}{\partial t}\varepsilon_A[k_h]=\Pi_A[k_h]+\partial_z\mathscr{F}_{A\uparrow}[k_h]+\mathscr{D}iv_A[k_h]$$
$$-\mathscr{C}[k_h]+\mathscr{H}_A[k_h]+\mathscr{D}_A[k_h]+\mathscr{J}_A[k_h] \tag{8.8}$$

需要强调的是，上述方程组中的各项均为方程组(8.1)—(8.3)对应项的累积。例如，$\varepsilon_h[k_h]=\sum_{k\geqslant k_h}E_h[k]\Delta k$ 为累积的水平动能；$\partial_z\mathscr{F}_{h\uparrow}[k_h]=\sum_{k\geqslant k_h}\partial_z F_{h\uparrow}[k]\Delta k$ 为累积的水平动能垂直通量散度；$\mathscr{D}iv_h[k_h]=\sum_{k\geqslant k_h}Div_h[k]\Delta k$ 为累积的 3D 散度相关项；$\mathscr{C}_{A\to h}[k_h]=\sum_{k\geqslant k_h}C_{A\to h}[k]\Delta k$ 为湿有效位能向水平动能的累积转换；$\mathscr{H}_h[k_h]=\sum_{k\geqslant k_h}H_h[k]\Delta k$ 为累积的非绝热项。值得注意的是，每个累积量相对于 k_h 的负导数(即图 8.10—8.13 中相应曲线的负斜率)代表了相应项在给定波数 k_h 上的局地贡献。

方程(8.6)—(8.8)与 Augier 和 Lindborg(2013)的公式有着明显不同，主要体现在：第一，Augier 和 Lindborg(2013)的公式是在气压坐标系下基于静力平衡假定推导得到的，而本章的公式是在高度坐标系下推导得到的且没有作静力假设，因此在当前的公式中，除了包含有效位能和水平动能的转换外，还存在垂直动能的谱收支方程(8.7)；第二，当前的公式显式地体现了三维散度的作用，在第 8.5.4 节中将表明流场的三维散度对平流层低层的有效位能收支有着重要的贡献；第三，Augier 和 Lindborg(2013)中定义的有效位能是干的而且只考虑了潜热释放的影响。事实上，湿对流不仅表现为一个潜热源，还表现为一个大气"减湿器"(Pauluis et al.，2002a)。本章的有效位能是基于修改的位温定义的，包含了水汽分布的影响，在有效位能的收支中湿对流的加热和减湿作用均被考虑，特别是本章的方程中还考虑了湿物质本身的重力势能。

8.3 理想斜压波的模拟

当前的研究是基于 Waite 和 Snyder(2013)的工作开展的，为了一致性，本章中数值模拟的配置、初始化、运行基本上与 Waite 和 Snyder(2013)一致，除了根据研究需要进行了一些小的修改。模式的配置、初始化和试验设计以及试验结果简单介绍如下。

8.3.1 模式

研究中所使用的数值模式是 WRF v3.2(Skamarock et al.，2008)。模式区域的纬向长度为 4000 km，经向宽度为 10000 km，垂直高度为 30 km。模拟是在 f 平面上进行的，且 $f=10^{-4}\ s^{-1}$。模式水平分辨率为 25 km，垂直方向上共 180 层，在对流层中垂直间距近似均匀且

约为 $\Delta z = 110$ m 。侧边界条件在纬向 x 方向上是周期的，在经向 y 方向上是刚壁的且对称的，因此模拟区域在边界上与外界的净能量交换为 0。平流方案采用五阶水平的和三阶垂直的迎风方案。为了抑制次网格尺度噪音，采用了显式 6 阶数值耗散(Knievel et al. ,2007)。为了最小化上边界重力波的反射，在模式区域上空，从模式顶至向下 5 km 对垂直速度施加瑞利阻尼(Klemp et al. ,2008)。参照 Waite 和 Snyder(2013)，垂直混合采用的是 YSU 边界层模式(Noh et al. ,2003)中的自由对流层方案，但关掉了其边界层部分。湿过程采用的是 Betts-Miller-Janjic 积云参数化方案(Janjic,1994)和 Kessler(1969)微物理方案。为了强调湿过程对中尺度能量谱的作用，除此之外，没有采用其他额外的物理参数化过程(例如辐射方案、地表通量、边界层模式等)。

8.3.2 初始化和试验设计

初始场由斜压纬向急流及其增长最快的标准模扰动组成。干斜压急流是基于位涡(PV)反演方法构造的(Plougonven 和 Snyder, 2007; Waite 和 Snyder, 2009; Waite 和 Snyder, 2013)：首先，指定对流层和平流层的初始位涡分布，且对流层和平流层之间通过预先定义的对流层顶平缓过渡；然后通过位涡反演方法求得平衡的干动力学变量。本章使用的位涡反演程序是 Plougonven 和 Snyder(2007)的改进版本①，其中考虑了平流层位涡随高度的变化(图 8.1a 中阴影)；因此，可以得到更符合实际的位温廓线。图 8.1a 给出了基于此改进的位涡反演程序得到的初始干斜压急流。从图中可以看出，反演得到的干斜压急流的中心位于 8.5 km，且最大速度为 58 m/s。而增长最快的小振幅标准模扰动是通过类似于 Plougon 和 Snyder (2007)的繁殖程序得到的，且参照 Davis (2010)和 Waite 和 Snyder(2013)，繁殖结束后整体重新调整此标准模使得其最大位温扰动为 2 K。

对于湿试验，水汽的初始化是在位涡反演过程结束后进行的：先设初始相对湿度(RH)为均匀的 30%和 60%，然后根据干斜压急流的位温分布计算出水汽混合比的垂直分布；相应的湿模拟分别记为 RH30 和 RH60。随后，对相应湿模拟的位温场进行微调使得湿模拟的虚位温(θ_v)等于干模拟的位温。这样，如果关注的是绝热动力学(即不考虑水汽相变发生)，干湿试验的初始条件是一致的。经过这样的调整，初始湿急流的实际 RH 将不再是均一的，其在对流层高于给定值而在平流层低于给定值：近地面最大 RH 对于 RH30 近似为 40%，而对于 RH60 近似为 80%；在高度 20 km，最小 RH 对于 RH30 近似为 17%，而对于 RH60 近似为 35%。图 8.1b 给出了湿试验 RH60 的水汽混合比和修改的位温的初始态分布。湿急流上叠加也是增长最快的干的标准模扰动。

初始化完成以后，模式积分 16 d，每 3 h 输出一次结果。为了处理格点交错问题，使用 WRF 后处理工具—ARWpost(http://www.mmm.ucar.edu/wrf/users/download/)将所有 WRF 模式输出场插值到共同的格点上。然后，基于这些处理过的输出场计算相应的能量谱以及能量谱收支，其中导数是用基于 3 点拉格朗日插值的数值差分方法计算的。

8.3.3 试验结果

尽管这里的初始场作了一些小的修改，但模拟的结果与 Waite 和 Snyder(2013)非常相

① 此改进版本是由 Prof. Riwal Plougenva (LMD Paris)发展和提供的。

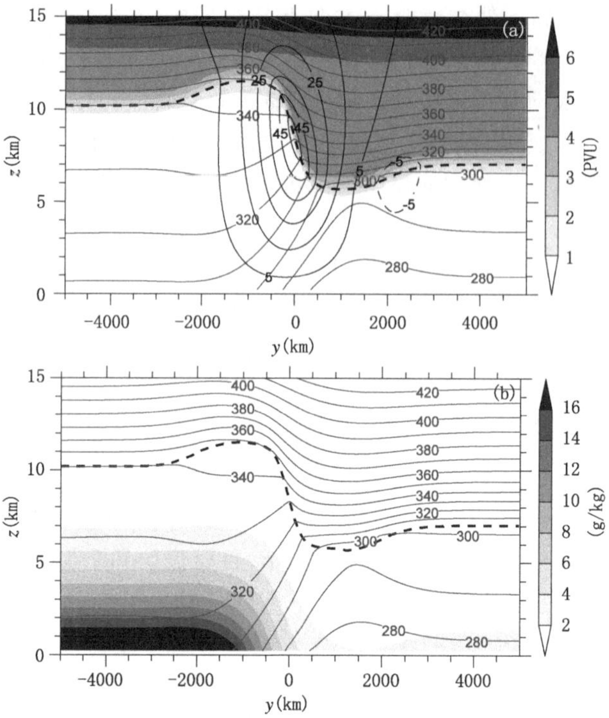

图 8.1　斜压波模拟的初始场

(a)未扰动的急流的垂直剖面：纬向速度 u（细黑线，等值线间隔 10 m/s；位温 θ（细灰线，等值线间隔 10 K)；位涡 PV(阴影，1 PVU≡10^{-6} (m^2/s) · (K/kg))；负的 u 已经用虚线标出。(b)试验 RH60 中的水汽混合比 q_v（阴影，单位：g/kg）和修改的位温 θ_m（细灰线，等值线间隔 10 K)。在(a)和(b)中粗虚线表示2-PVU 动力对流层顶

似。由于 Waite 和 Snyder(2013)已经给出了模拟的斜压波系统许多方面的特征，例如质量权重平均涡动动能(eddy kinetic energy)的时间序列(见其图 2)、质量权重平均的垂直动能和区域平均降水率的演变(见其图 3)，这里我们将只关注有效位能和非绝热贡献 H_m 。图 8.2a 给出了区域平均的有效位能的时间序列，这里区域平均有效位能定义为 $\overline{\mathrm{APE}} = \iiint \frac{1}{2}\bar{\rho}_d \gamma(z) \theta'^2_m \mathrm{d}x\mathrm{d}y\mathrm{d}z / \iiint \mathrm{d}x\mathrm{d}y\mathrm{d}z$，式中体积分范围为在整个水平区域上从 $z = 0$ 到 $z = 20$ km。由图可见，$\overline{\mathrm{APE}}$随着水汽的增加而增加。$\overline{\mathrm{APE}}$快速的减少发生在斜压波快速增长阶段。图 8.2b 给出了湿试验 RH60 中不同时刻区域平均的非绝热贡献 H_m 的垂直廓线分布。从图中可以看出，对于试验 RH60，在其降水最强的阶段($t = 4\sim7$ d)，正的非绝热贡献主要发生在 12 km 高度以下；区域平均的非绝热贡献 H_m 在 $t = 5$ d 最强，且最大值位于 8 km 左右，达到 1.42 K/d。接下来的研究中，以 z=12～15 km 代表平流层低层，因为那里几乎没有来自非绝热贡献的直接强迫发生且对流产生的重力惯性波的垂直传播是关键。

图 8.3 给出的是干试验和湿试验 RH60，在 $z = 13$ km 高度层上不同时刻垂直涡度 ζ 的分布。$t = 3.5$ d 时，除了在湿试验中增加了一些小尺度的扰动，干湿试验的涡度分布相似。到 $t = 5$ d，即湿试验中降水最强时期，干湿试验之间涡度分布的差异已经变得非常明显，湿试验的最大涡度明显大于干试验。随着对流活动的减弱($t = 7.5$ d)，湿试验中局地最大涡度有

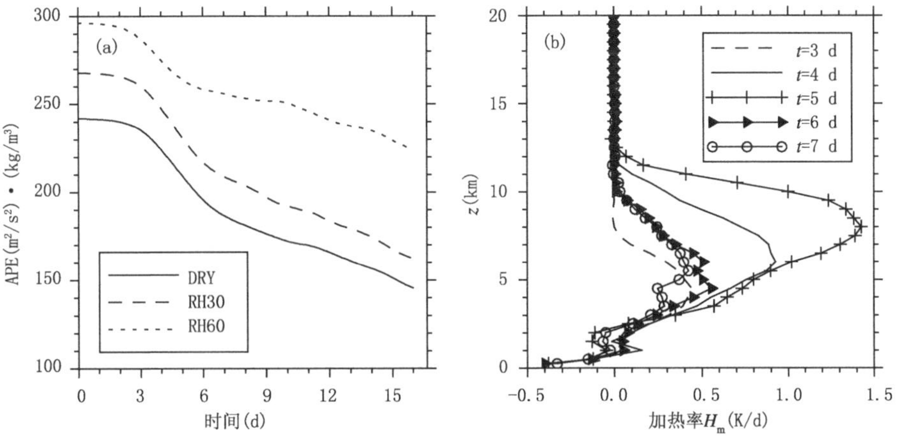

图 8.2　(a)不同试验中区域平均的单位体积有效位能的时间序列。(b)对于试验 RH60，不同时间 $t = 3, 4, 5, 6, 7$ d 上，区域平均的非绝热加热率 H_m 的垂直廓线分布

所减小，但是干湿试验之间的差异还是明显的。

图 8.4 给出了同一时间相同高度上对应的水平散度 δ 分布。在 $t = 3.5$ d 时，干湿试验之间散度场的分布差异就已经很明显：对于干试验，高层散度很小以至于在图中统一色标刻度下不能显示出来。到 $t = 5$ d，湿斜压波的整个区域上散度都显著增强。同样随着对流的减弱，局地最大散度强度也有所减小。

对比图 8.3 和图 8.4，不难看出，在平流层低层，散度场和涡度场表现出了对水汽同等显著程度的依赖性。这一情形非常不同于对流层高层，因为 Waite 和 Snyder(2009)的研究表明湿过程主要加强了对流层高层的散度动能。

类似于 Waite 和 Snyder(2013)中图 3，在干试验中 $t = 7.5$ d 时，三个经典的 IGWs 出现，如图 8.4e 中所示，其在散度场上表现得最为显著，且分别被标记为 I、II、III。重力波类型 I 为长带状，位于高空槽以东，是由近地面锋生激发出来的(Snyder et al.，1993)；重力波类型 II 为小尺度波包，位于高空脊以西，其产生与对流层高层急流有关(Zhang，2004)；重力波类型 III 为长的窄波包，且从高空脊一直扩展到高空槽，其结构与斜压涡的变形和切变有关(Plougonven 和 Snyder，2007)。

参照 Waite 和 Snyder(2013)，模拟的斜压波被分为三个时期：早期($t = 4 \sim 7$ d)，中间期($t = 7 \sim 10$ d)和后期($t = 10 \sim 13$ d)。其中，早期的主要特征是强的对流和伴随其的非绝热贡献，而后期则以弱得多的降水和对流为主要特征。接下来，我们分析在垂直高度上平均且在这两个感兴趣的时间段上平均的能量谱，其中垂直平均是沿平流层低层作的。下文的能量谱，如不加特殊说明，均指在垂直方向上沿平流层低层($z = 12 \sim 15$ km)平均且在时间上沿早期($t = 4 \sim 7$ d)或后期($t = 10 \sim 13$ d)平均的谱。

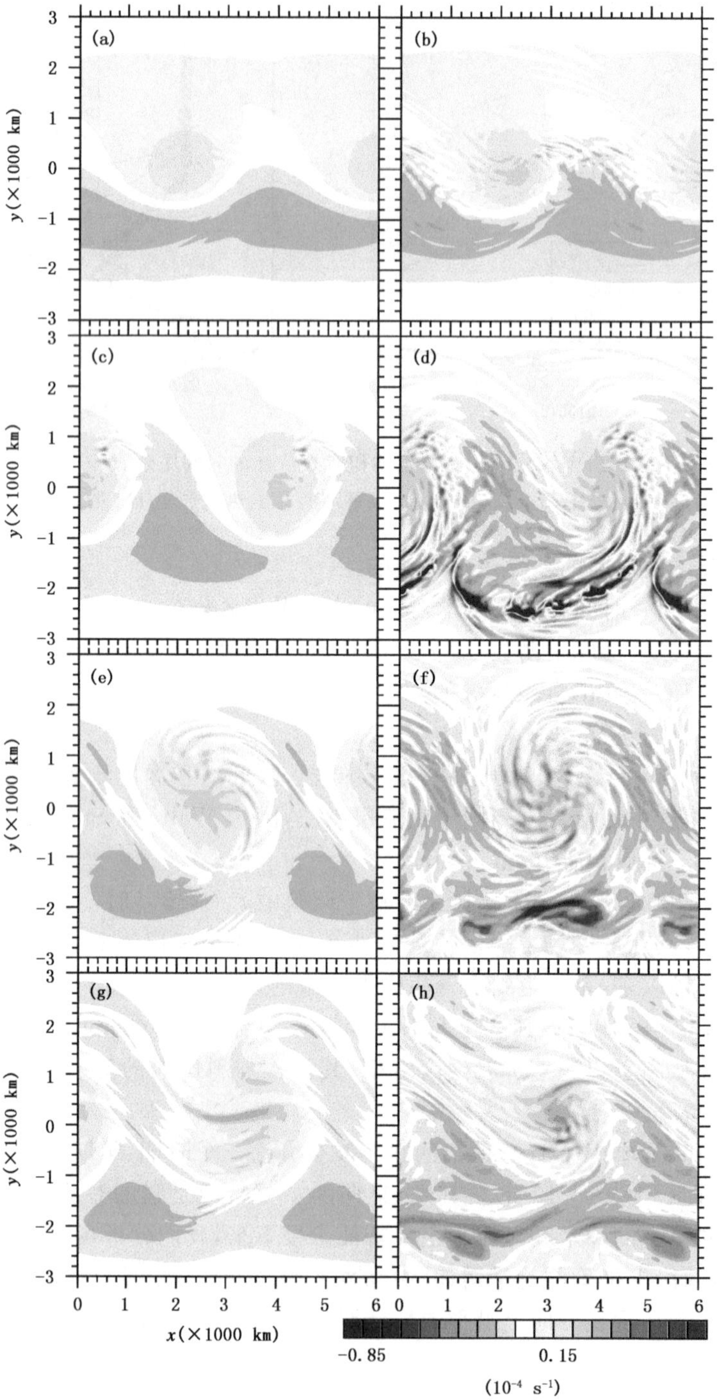

图 8.3　对于(a、c、e、g)干试验和(b、d、f、h)湿试验 RH60，不同时刻在 $z=13$ km 高度层上垂直涡度分布图。为了清晰，在 x 方向上多给出了半个波长，在 y 方向的范围为 $-3000\ \text{km} \leqslant y \leqslant 3000$ km

(a)，(b)$t=3.5$ d；(c)，(d)$t=5$ d；(e)，(f)$t=7.5$ d；(g)，(h)$t=11$ d

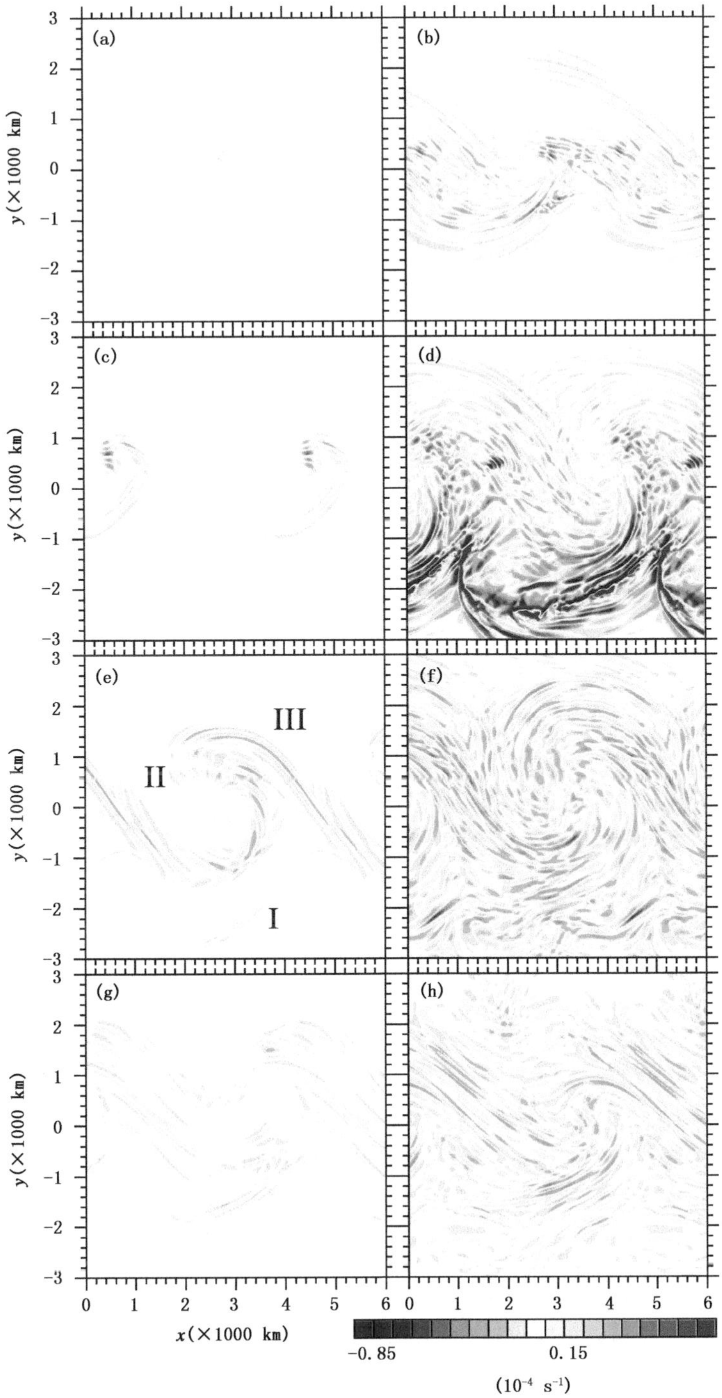

图 8.4　同图 8.3,但是为水平散度

8.4　平流层低层的能量谱

8.4.1　水平动能谱

图 8.5 给出了不同试验模拟的不同时期上的平流层低层的旋转动能(RKE)谱、散度动能(DKE)谱和水平动能(HKE)谱。

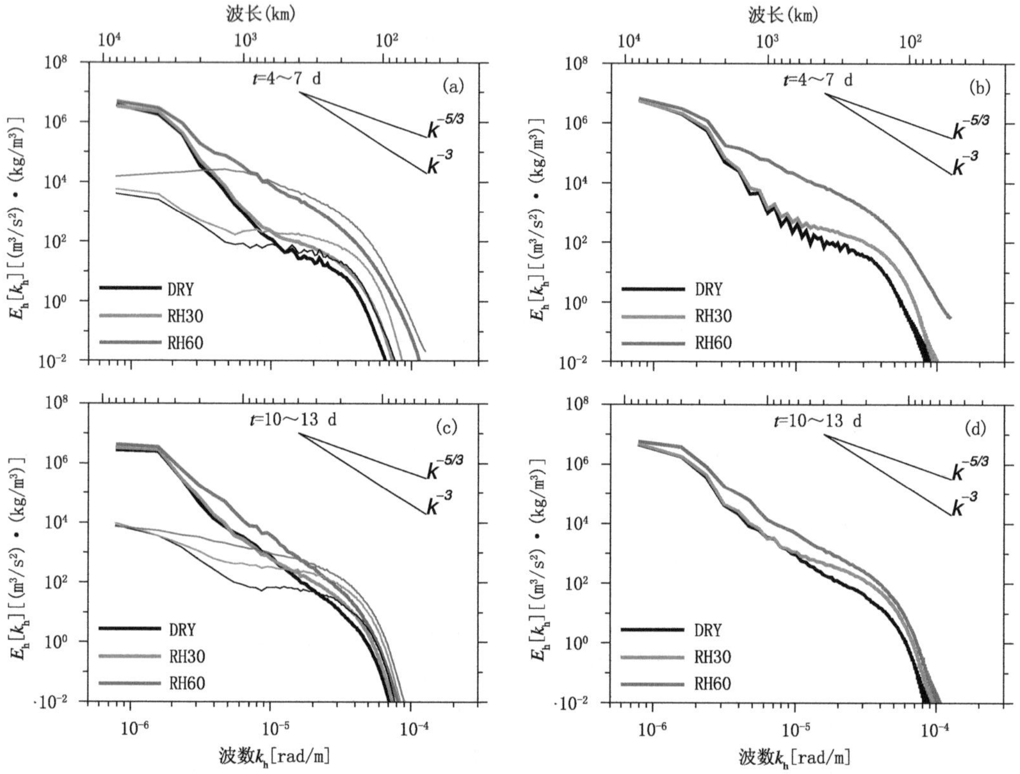

图 8.5　(a、c)旋转动能和辐散动能以及(b、d)水平动能的水平波数谱。这些谱是在垂直方向上沿平流层低层 12 km $\leqslant z \leqslant$ 15 km 平均的且在时间上分别沿(a、b)t=4～7 d 和(c、d)t=10～13 d 平均的。参考谱线的斜率分别为－5/3 和－3

在早期(4 d$\leqslant t \leqslant$7 d),旋转动能谱和散度功能谱(图 8.5a)表现出了对湿度同等强度的依赖性。对于干试验,旋转动能谱在波长小于 500 km 左右的尺度上明显地变得平缓,这与 Waite 和 Snyder(2009)的结果相似。具体地,其旋转动能谱斜率在波长范围 500 km$\leqslant \lambda \leqslant$2000 km 上近似为－4.8,而在较小的波长范围 200$\leqslant \lambda \leqslant$500 km 上近似为－2.0。对于试验 RH30,其具有相对低的水汽条件,湿过程只是稍微加强了小于 900 km 尺度上的旋转动能,且旋转功能谱的平缓特征依然存在。对于试验 RH60,其具有相对高的水汽条件,湿过程显著增强了整个中尺度范围上($\lambda \leqslant$ 2000 km)的旋转动能,导致相应旋转动能谱的平缓特征消失。在所有试验中,散度动能谱线在中尺度上穿过旋转动能谱线,并且两者相交的尺度随着湿度的增加而增大:对于干试验交点尺度为 500 km,对试验 RH30 为 625 km,对于试验 RH60 为 800

km。一般地，散度动能谱要比旋转动能谱平缓得多。较为平缓的散度动能谱的相对大的贡献在一定程度上解释了水平动能谱的转折特征（图 8.5b）。试验 RH60 在中尺度上，尤其是在 500 km 左右，比试验 RH30 和干试验具有更多的水平动能。例如，在波长 500 km 尺度上，试验 RH60 的水平动能分别是试验 RH30 的 35 倍，是干试验的 121 倍。因此，干试验和 RH30 试验中水平动能谱明显的平缓特征可能是由于在转折尺度 500 km 左右中尺度水平动能的不足造成的。

在后期（10 d$\leqslant t \leqslant$13 d），干湿试验之间的差异变小，但是水平动能谱仍然表现出对湿度相似的依赖性（图 8.5c 和 8.5d）。湿试验 RH60 在所有尺度上都比干试验具有更多的能量，而湿试验 RH30 只在波长小于 700 km 的尺度上比干试验具有略多的能量。在波长 500 km 上，湿试验 RH60 的水平动能分别近似为湿试验 RH30 的 4 倍，为干试验的 6 倍；这些差异虽然比前期小得多，但依然是显著的。此时，对于湿试验 RH60，其旋转动能谱的斜率为－3.5，且在中尺度范围（ 200 km$\leqslant \lambda \leqslant$2000 km ）上没有明显的平缓（或转折）特征；而其散度动能谱表现出一个更为平缓的斜率－1.25。

以上分析表明，湿过程可以增强平流层低层的中尺度散度动能和旋转动能，导致湿大气的能量谱比干大气更符合观测结果。在图 8.6 中，进一步比较了模拟的单位体积水平动能的一维纬向波数（ k_x ）谱和 Lindborg(1999) 参考谱。为了便于比较，Lindborg(1999) 参考谱线已经乘了平流层低层平均的干参考态密度 $\bar{\rho}_d(z)$ 。这里的一维纬向波数谱是通过如下方式构造的：先给定 y 和 z，沿纬带进行 1D－DCT 变化，然后对得到的结果在 y 方向沿区域内最活跃的部分作平均（即 －2500 km$\leqslant y \leqslant$1250 km ）。对比图 8.6 和图 8.5，可以看出这些一维谱与前面给出的总水平波数 k_h 谱是相似的，此结果与 Morss 等(2009)的发现是一致的。从图 8.6 中还可以看出，相比其他两个试验，尽管与观测相比其强度依然偏低，但试验 RH60 中的水平动能谱与 Lindborg(1999) 参考谱的吻合程度更高。

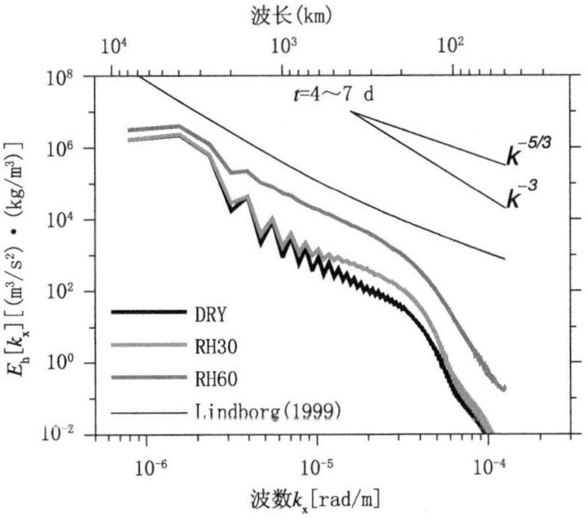

图 8.6　不同试验中单位体积水平动能的纬向波数谱。谱在垂直方向上沿平流层低层 12 km$\leqslant z \leqslant$15 km 取平均，在 y 方向上沿 －2500 km$\leqslant y \leqslant$1250 km 取平均，且在时间上沿 t = 4～7 d 取平均。图中平滑的细实曲线为 Lindborg (1999)谱；为了使得参考谱线也具有相同的单位，Lindborg (1999)谱已乘以了平流层低层中 $\bar{\rho}_d(z)$ 的垂直平均值。其他细节同图 8.5

8.4.2　有效位能谱

Waite 和 Snyder(2013)只分析了位温的水平波数谱。然而,为了定量分析能量循环,需要进一步研究有效位能谱。图 8.7 给出了模拟斜压波在平流层低层的有效位能谱。从图中可以看出,不管是在早期还是后期,在所有尺度上有效位能谱的形状都非常相似于水平动能谱,且在中尺度范围上水平动能与有效位能的比值近似为 2。这些结果与观测都极为一致(Gage 和 Nastrom, 1986)。在湿试验 RH60 中湿过程对能量的增强效应扩展到整个中尺度谱段上,而在湿试验 RH30 中,这种效应被限制在小尺度上。因此,湿试验 RH60 的有效位能谱的强度水平比干试验和 RH30 试验更高,自然也更接近于 Lindborg (1999)参考谱线。

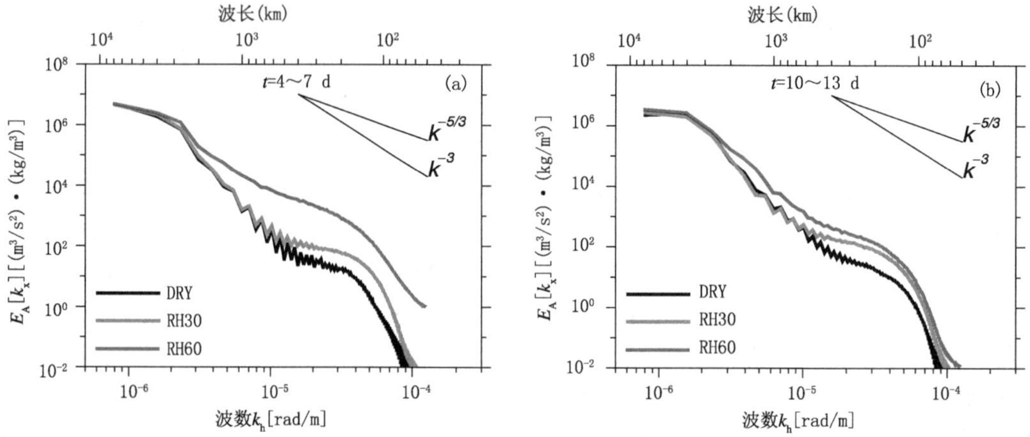

图 8.7　单位体积湿有效位能的水平波数谱。其他细节同图 8.5

在试验 RH60 中,斜压波发展的早期(图 8.7a),有效位能谱在中尺度范围较大尺度端(500 km $\leqslant \lambda \leqslant$ 2000 km)的斜率近似为-2.7;而在较小尺度端(200 km $\leqslant \lambda \leqslant$ 500 km)的斜率为-1.8,谱线变得平缓。斜压波发展的后期(图 8.7b),试验 RH60 的有效位能谱在中尺度范围仍然表现出一个清晰的转折,即谱线斜率变得更为平缓,但此时它的强度等级比前期要小得多。

8.4.3　垂直动能谱

图 8.8 给出了干湿试验的垂直动能谱,从图可见,无论在早期还是后期,对于湿试验,其 VKE 谱在中尺度范围上几乎不随波数变化,即表现为一个平的谱线,这与 Bacmeister 等(1996)从飞机观测得到的平流层垂直动能谱是一致的,也相似于其他模式研究 (Bierdel et al. ,2012; Ricard et al. ,2012)。但是,对于干试验,垂直动能谱在波长大于 800 km 上总是倾斜的,且在中尺度的大尺度端斜率近似为-3。随着对流趋于稳定(图 8.8b),湿垂直动能谱的强度衰减;但是即使这样,其还是要比干垂直位能谱要强得多。另外,比较此时三个试验的垂直动能谱,可以发现两个湿试验的垂直位能谱更接近于彼此。

为了阐明采用非静力公式的必要性,我们进一步分析了本章数值模拟的非静力程度。其可以通过计算 $C_{A\to z}[k_h]$ 与 $C_{A\to h}[k_h]$ 比值来进行评估,因为静力假定暗示了 $C_{A\to z}[k_h]\to 0$ 或者 $|C_{A\to z}[k_h]| \ll |C_{A\to h}[k_h]|$,也就是说只有 APE 和 HKE 之间的转换是显著的。为了简洁,记

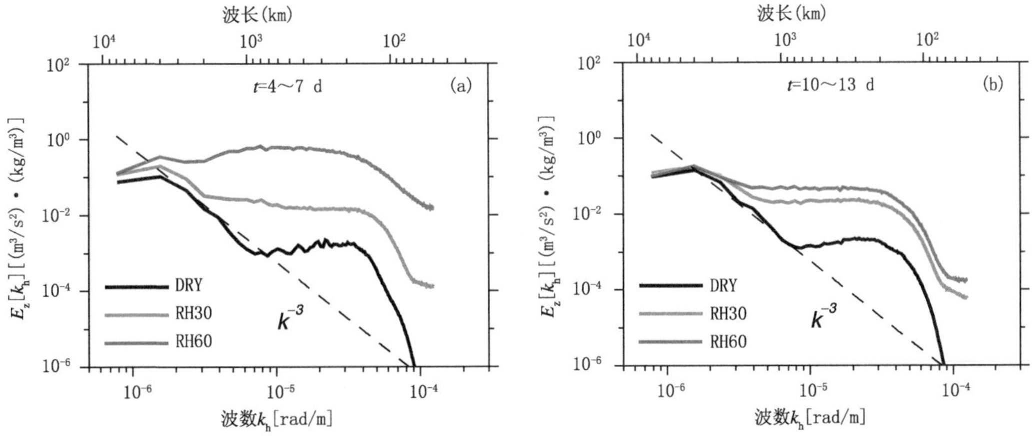

图 8.8　单位体积垂直动能的水平波数谱。虚线为参考谱线，其斜率为－3。其他细节同图 8.5

$$\alpha[k_h]=\left|\frac{C_{A\to z}[k_h]}{C_{A\to h}[k_h]}\right| \tag{8.9}$$

其代表了在给定波数(k_h)上模拟流场的非静力程度。基于在垂直方向和时间上平均的 $C_{A\to z}[k_h]$ 与 $C_{A\to h}[k_h]$，分别计算了干试验和试验 RH60 的 $\alpha[k_h]$。图 8.9 给出了 α 作为波数 k_h 的函数分布曲线。从图中可以看出，对于试验 RH60 无论是早期还是后期以及对于干试验的后期，在波长小于 1000 km 的范围上 α 值显著超过 0.2。这说明了在这些试验的中尺度范围上，相对于有效位能向水平动能的转换，有效位能向垂直位能的转换也是不能忽略的，此时基于静力平衡假定的谱转换计算是不合理的，大气非静力的性质是要考虑的。值得注意的是，对于干试验的早期，在波长 4000 km 左右出现了非常大的 α 值，这是相应谱段的 $C_{A\to h}[k_h]$ 近似为 0 造成的(图 8.11a)。

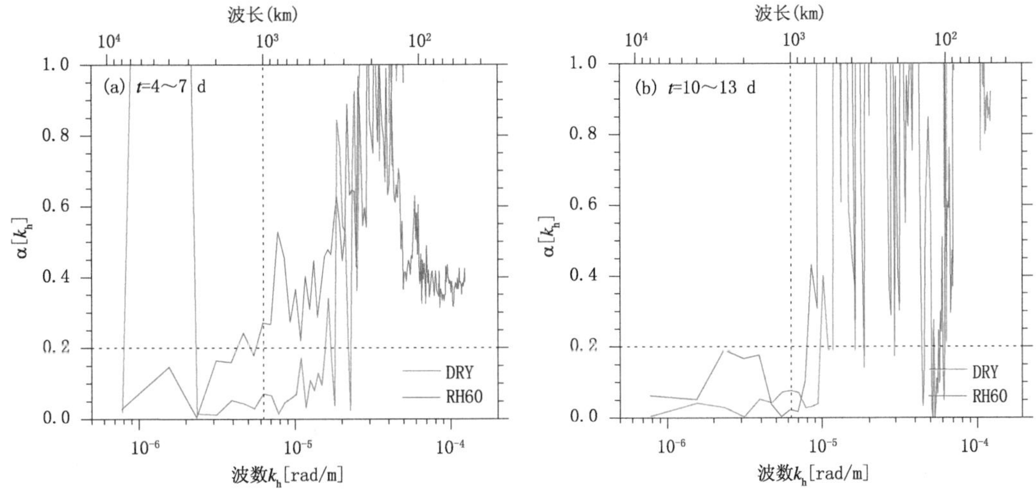

图 8.9　非静力程度 $\alpha[k_h]$。$\alpha[k_h]$ 是基于在垂直方向上沿平流层低层平均且在时间上分别沿(a) t＝4～7 d 和(b) t＝10～13 d 平均的转换谱计算得到的

8.5 平流层低层的能量谱收支

本节使用方程(8.6)—(8.8)所代表的能量谱收支公式来考察平流层低层能量谱的动力学机理。为了强调湿过程的作用,以下分析将聚焦于干试验和 RH60 试验的早期,此时对流最强且 RH60 试验模拟的能量谱最接近于参考谱。

8.5.1 垂直通量散度的谱和能量的垂直传播

方程(8.1)—(8.3)所代表的理论框架体现了湿过程作用的如下方面:(1)通过潜热的直接强迫项 $H_h(\boldsymbol{k})$ 和 $H_A(\boldsymbol{k})$ 影响水平动能谱和有效位能谱,这一作用主要发生在对流层上层,且在平流层是可以忽略的;(2)潜热强迫可以增强对流,继而通过相关联的垂直通量项 $F_{h\uparrow}(\boldsymbol{k})$、$F_{z\uparrow}(\boldsymbol{k})$ 和 $F_{A\uparrow}(\boldsymbol{k})$ 影响相应的能量谱;(3)潜热加热激发重力惯性波(IGWs),通过与 IGWs 相关的气压垂直通量 $F_{p\uparrow}(\boldsymbol{k})$ 影响水平动能谱。由于本章关注的是平流层低层,因此下面将对后两个物理过程进行分析。图 8.10 给出了 RH60 试验和干试验的各种累积的垂直通量散度项随水平波数的变化,其中包括累积的总垂直通量散度 $\partial_z\mathscr{F}_{\uparrow}$,水平动能垂直通量散度 $\partial_z\mathscr{F}_{h\uparrow}$,有效位能垂直通量散度 $\partial_z\mathscr{F}_{A\uparrow}$,垂直动能垂直通量散度和气压垂直通量散度 $\partial_z\mathscr{F}_{p\uparrow}$。这些累积的项都是在垂直方向上沿平流层低层平均且在时间上沿 $t=4\sim7$ d 平均的结果,且 $\mathscr{F}_{\uparrow}=\mathscr{F}_{p\uparrow}+\mathscr{F}_{h\uparrow}+\mathscr{F}_{A\uparrow}+\mathscr{F}_{z\uparrow}$。

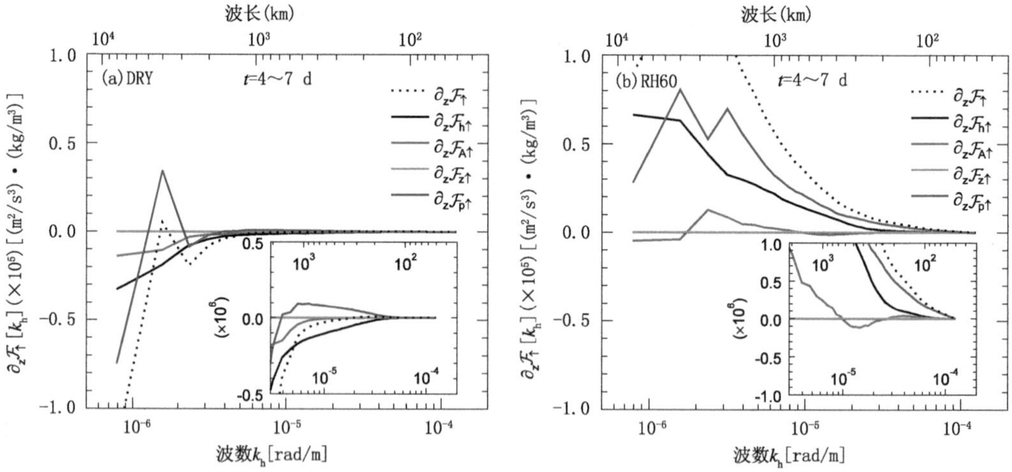

图 8.10　不同试验中累积的总垂直通量散度项 $\partial_z\mathscr{F}_{\uparrow}[k_h]$、累积的 HKE 垂直通量项 $\partial_z\mathscr{F}_{h\uparrow}[k_h]$、累积的有效位能垂直通量项 $\partial_z\mathscr{F}_{A\uparrow}[k_h]$ 以及累积的垂直动能垂直通量散度项 $\partial_z\mathscr{F}_{z\uparrow}[k_h]$ 随总水平波数 k_h 的关系曲线。这些累积项是在垂直方向上沿平流层低层平均且在时间上沿 $t=4\sim7$ days 平均的结果。注意 $\mathscr{F}_{\uparrow}=\mathscr{F}_{p\uparrow}+\mathscr{F}_{h\uparrow}+\mathscr{F}_{A\uparrow}+\mathscr{F}_{z\uparrow}$。图中嵌套的小图为中尺度子范围 $k_h\geqslant3\times10^{-6}$ rad/m 的展开图。(a. DRY;b. RH60)

对于干试验(图 8.10a),累积的水平动能垂直通量散度 $\partial_z\mathscr{F}_{h\uparrow}$(黑线)在所有波数上都是负的,且随着波数的增加而增大(即局地水平动能垂直通量散度为负);这说明在所有尺度上水平动能垂直通量散度移除平流层低层的水平动能。累积的有效位能垂直通量 $\partial_z\mathscr{F}_{A\uparrow}$(红线)的形

状类似于 $\partial_z \mathscr{F}_{h\uparrow}$ 的形状，但是前者的量值相对更小。然而，累积的气压垂直通量散度 $\partial_z \mathscr{F}_{p\uparrow}$（蓝线）的形状有些复杂：在行星尺度和天气尺度上，它在波数 $k_h = \pi/4\times10^{-6}$ rad/m 上达到其最小值 -0.74×10^{-5} (m²/s³) · (kg/m³)，继而随着波数增加而增大，到 $k_h=\pi/2\times10^{-6}$ rad/m 时增加到 0.34×10^{-5} (m²/s³) · (kg/m³)，然后随着波数增加而减小，到 $k_h = 3\pi/4\times10^{-6}$ rad/m 时减小到 -0.08×10^{-5} (m²/s³) · (kg/m³)；在中尺度上（嵌套在图 8.10a 中的小图），$\partial_z F_{p\uparrow}$ 呈现上凸的形状，其反映了气压垂直通量散度在波长小于～1000 km 的尺度上对水平动能有着正的贡献，这与 Waite 和 Snyder(2009)的发现是一致的。但是，气压垂直通量散度项的正贡献在很大程度上被负的水平动能垂直通量散度抵消，结果导致总垂直通量散度项（黑点线）在波长范围 200 km 到 1000 km 之间很小，几乎可以忽略。为了证实这一结果的坚固性，我们也计算了模拟后期的气压垂直通量项和水平动能垂直通量项，并发现了相似的结果（图略）。

对于湿试验 RH60（图 8.10b），总垂直通量散度由气压垂直通量散度和水平动能垂直通量散度主导，且其量值比干试验中的要大得多。累积的总垂直通量散度 $\partial_z \mathscr{F}_{\uparrow}$（黑点线）在中尺度上表现为快速的减少，这说明了在这些尺度上有明显的水平动能注入。这种作用在水平动能上的正贡献由气压垂直通量散度（蓝线）和水平动能垂直通量散度（黑线）共同控制，前者与垂直传播的重力惯性波（IGWs）有关，后者与湿对流的垂直输送有关。Augier 和 Lindborg (2013)也发现了平流层的能量收支受到源于对流层的能量通量的强迫，因此这里的结果与 Augier 和 Lindborg(2013)是一致的。而另一方面，即使考虑了水汽，累积的有效位能垂直通量散度 $\partial_z \mathscr{F}_{A\uparrow}$（红线）还是很小，这说明对于中尺度有效位能没有显著的向平流层低层的垂直输送。

8.5.2 能量转换项的谱

图 8.11 给出了不同试验中累积的转换项 $C[k_h]$、$C_{A\to h}[k_h]$ 和 $C_{A\to z}[k_h]$。对于干试验（图 8.11a），累积的谱转换项 $C_{A\to z}[k_h]$（绿线）在所有波长上均可忽略不计，因此累积的谱转换项 $C[k_h]$（黑线）和 $C_{A\to h}[k_h]$（红线）之间几乎没有看得见的差异；$C[k_h]$ 为正且随着波数增加而减少（即局地转换为正），这表明在所有尺度上能量转换是从有效位能到水平动能。而在包含水汽的试验中（图 8.11b），能量转换过程是非常不同的，尤其是在中尺度上。对于 RH60 试验，由于垂直运动非常强，有效位能向垂直动能的转换是显著的，这导致了 $C[k_h]$ 要

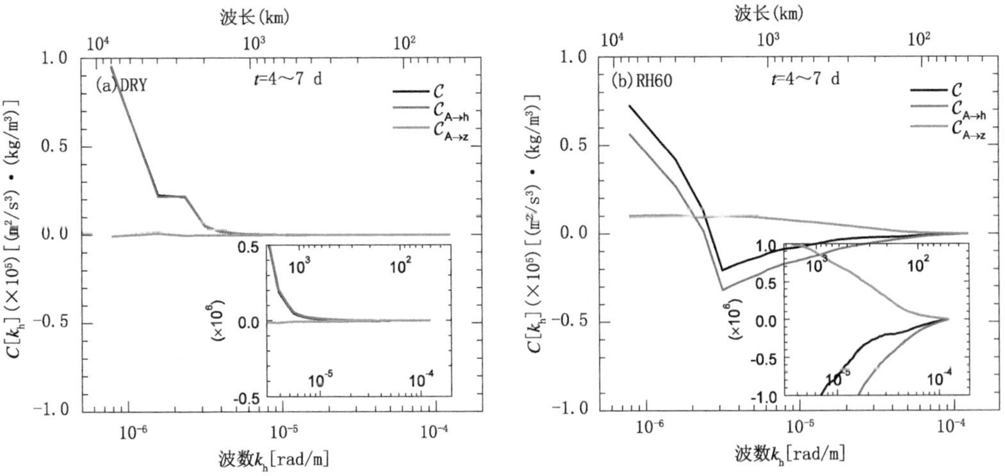

图 8.11 与图 8.10 相似，但为累积的谱转换项 $C[k_h]$、$C_{A\to h}[k_h]$ 和 $C_{A\to z}[k_h]$

比 $C_{A\to h}[k_h]$ 大。$C[k_h]$ 和 $C_{A\to h}[k_h]$ 之间清晰可辨的差异再次表明采用非静力公式的必要性。显著地，累积转换项 $C[k_h]$ 或 $C_{A\to h}[k_h]$ 在波长大于 2000 km 尺度上随着尺度减小而减小(即局地转换为正)，而在中尺度上随着尺度减小而增加(即局地转换为负)。这意味着在行星尺度和天气尺度上有效位能向水平动能转换，而在中尺度上水平动能向有效位能转换。因此，由于这里考虑的系统具有强的斜压性，其平流层低层在一定程度上受斜压不稳定的直接强迫，这不同于 Augier 和 Lindborg(2013)从 AFES 模拟中计算得到的结果(见其图 3c)。

8.5.3 非线性谱通量和能量串级

能量串级是大气动力学的最基本的问题之一，其可以通过构造谱通量进行评估。但是，在一些研究中(Koshyk 和 Hamilton，2001；Brune 和 Becker，2013)谱通量往往是以非保守的方式来定义的，其实际上包含了垂直通量，因此不能用于精确地考查不同尺度之间的能量转移。与此相反，通过式(8.5)定义的谱通量是精确守恒的，其满足 $\Pi_h[0]=\Pi_A[0]=\Pi_z[0]=0$，因此在给定的高度层上它们只具有在不同尺度之间重新分配能量的作用。

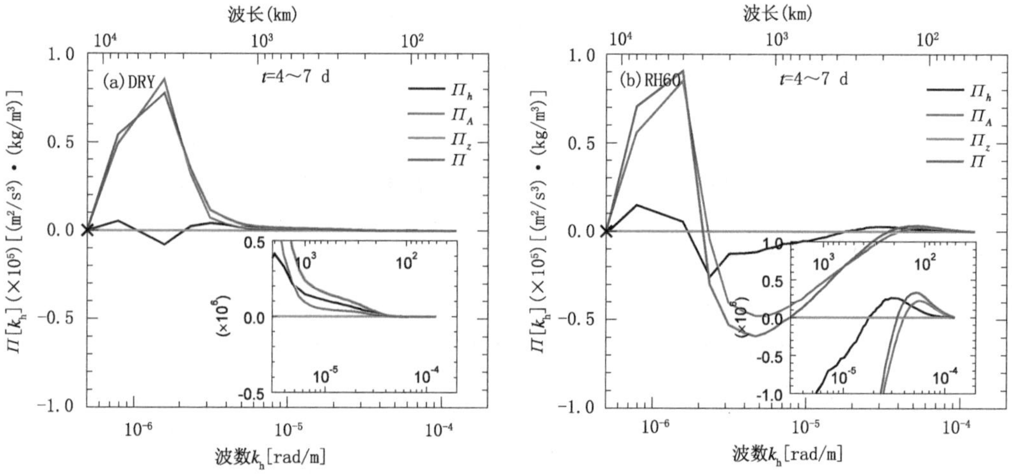

图 8.12　与图 8.10 相似，但为水平动能的非线性谱通量(黑色)、有效位能的非线性谱通量(红色)、垂直动能的非线性谱通量(绿色)以及总的非线性谱通量(蓝色)。需要说明的是，原点(即用“×”标记的点)上的任意谱通量的值已经修改为 $k_h=0$ 对应的相应通量

图 8.12a 为干试验对应的非线性谱通量。与前面类似，这些谱通量是在垂直方向上沿平流层平均，且在时间上沿 $t=4\sim7$ d 平均的结果。总的谱通量(蓝色曲线)具有上凸的形状：它在 $k_h=\pi/2\times10^{-6}$ rad/m 达到其最大值 $0.78\times10^{-5}(m^2/s^3)\cdot(kg/m^3)$，继而随着波数增大逐渐减小，直至最大波数时近似为 0。这意味着存在从大于 4000 km 尺度上向较小尺度上的有效位能降尺度串级。水平动能谱通量(黑色曲线)在波长 6000 km 和 3000 km 之间为负的，且达到其最小值 $-0.08\times10^{-5}(m^2/s^3)\cdot(kg/m^3)$，其对应于从天气尺度向行星尺度的水平动能升尺度串级。

而在中尺度范围上(嵌套在图 8.12a 中的小图)，水平动能谱通量变得与有效位能谱通量可以相比。$\Pi_A[k_h]$ 和 $\Pi_h[k_h]$ 在中尺度上随着波数增加逐渐减小，意味着在平流层低层的这些尺度上存在弱的降尺度有效位能和水平动能串级。

类似于图 8.12a，图 8.12b 给出了试验 RH60 的结果。从图中可见，总的谱通量几乎在所有尺度上都由有效位能谱通量主导。有效位能谱通量的大尺度特征与干试验中的非常相似，但是在其他较小尺度上两试验的谱通量特征差异很大。有效位能谱通量随着波数先增加，且在 $k_h = \pi/2 \times 10^{-6}$ rad/m 上增加到其最大值 $0.85 \times 10^{-5}(m^2/s^3) \cdot (kg/m^3)$，再随着波数减小，且在 $k_h = 7\pi/4 \times 10^{-6} \cdot$ rad/m 上减小到 $-0.48 \times 10^{-5}(m^2/s^3) \cdot (kg/m^3)$，然后随着波数再次增加，至耗散尺度（$\lambda \leqslant 200$ km）其值增加到 0 附近。类似于干试验，试验 RH60 中也存在一个从行星尺度到 3000 km 左右的天气尺度的降尺度有效位能串级。与干试验显著不同的是，在试验 RH60 里中尺度受到一个相对强得多的升尺度有效位能串级的控制而不是弱的降尺度有效位能串级的控制，且此升尺度有效位能串级实际开始于波长 200 km 左右。因此，天气尺度（$2000 \text{ km} \leqslant \lambda \leqslant 4000$ km）上的有效位能不仅来源于行星尺度的降尺度转移，而且来源于中尺度的升尺度转移，前者与大尺度的斜压不稳定相关，而后者在一定程度上是水平动能向有效位能的中尺度转换强迫出来的（图 8.11b）。

水平动能谱通量的主要特征相似于有效位能谱通量的特征，但是其强度要弱得多。具体来看，它在 $k_h = \pi/4 \times 10^{-6}$ rad/m 达到其最大值 $0.15 \times 10^{-5}(m^2/s^3) \cdot (kg/m^3)$，再随着波数减小，至 $k_h = 3\pi/4 \times 10^{-6}$ rad/m 其值减小到 $-0.26 \times 10^{-5}(m^2/s^3) \cdot (kg/m^3)$，然后随着波数再次增加，在 $k_h = 11\pi/2 \times 10^{-6}$ rad/m 附近其值近似为 0。这一特征反映了在天气尺度和中尺度上存在一个升尺度的水平动能串级，且其实际开始于 360 km 左右。在行星尺度上，试验 RH60 表现为一个比干试验中要强得多的降尺度水平动能串级。此外，在波长小于 360 km 尺度上（图 8.12b 中镶嵌小图），还存在一个降尺度串级。这一结果与 Cho 和 Lindborg（2001）利用结构函数分析飞机资料得到的结果是一致的，其研究结果显示在平流层低层大约 100 km 以下存在一个降尺度的动能串级。

8.5.4　耗散和三维散度的作用

由于考虑了大气的可压缩性，其三维散度（即 $\partial_z w + \nabla \cdot \boldsymbol{u}$）不一定为 0。为了定量考查三维散度对能量收支的作用，计算了累积的三维散度项 $\mathscr{Div}_h[k_h]$、$\mathscr{Div}_A[k_h]$ 和 $\mathscr{Div}_z[k_h]$，相应结果见图 8.13。在图 8.13 中给出的还有累积的耗散项 $\mathscr{D}_h[k_h]$、$\mathscr{D}_A[k_h]$ 和 $\mathscr{D}_z[k_h]$ 以及累积的总绝热非保守项 $\mathscr{J}[k_h]$。注意，这里 $\mathscr{J} = \mathscr{J}_h + \mathscr{J}_z + \mathscr{J}_A$。在干试验中（图 8.13a），所有这些项都是可忽略的，尽管三维散度项对水平动能和有效位能均有负的贡献。相反地，在试验 RH60 中这些项要强得多，尤其是 $\mathscr{Div}_A[k_h]$ 和 $\mathscr{D}_h[k_h]$ 项。从图 8.13b 可以看出，累积的三维散度项 $\mathscr{Div}_A[k_h]$ 具有与气压垂直通量散度（图 8.10b）同等量级的强度，且几乎在所有尺度上表现为减小趋势（局地三维散度项为正）。这个有趣的结果意味着在平流层低层三维散度对有效位能有强的正贡献。还可以看到，耗散对水平动能和有效位能均为负贡献，且对前者的负贡献（黑虚线）要比对后者（红虚线）强得多。此外，无论是在试验 RH60 还是在干试验中，累积的总绝热非保守项 $\mathscr{J}[k_h]$ 均是可以忽略不计的，这是由在平流层低层中前置因子 $\gamma(z)$ 和参考态密度 $\bar{\rho}_d(z)$ 随高度变化很小造成的（图略）。

8.5.5　定量比较

本节将针对 RH60 试验和干试验，分别在天气尺度和中尺度范围上，对上面提及的各作用项进行一个更加定量的比较。在波数范围 $[k_1, k_2]$ 上，由气压垂直通量散度增加的水平动能的数量为 $\Delta\partial_z\mathscr{F}_{p\uparrow} \equiv \partial_z\mathscr{F}_{p\uparrow}[k_1] - \partial_z\mathscr{F}_{p\uparrow}[k_2]$。相似地，可以定义其他相应的项，例如

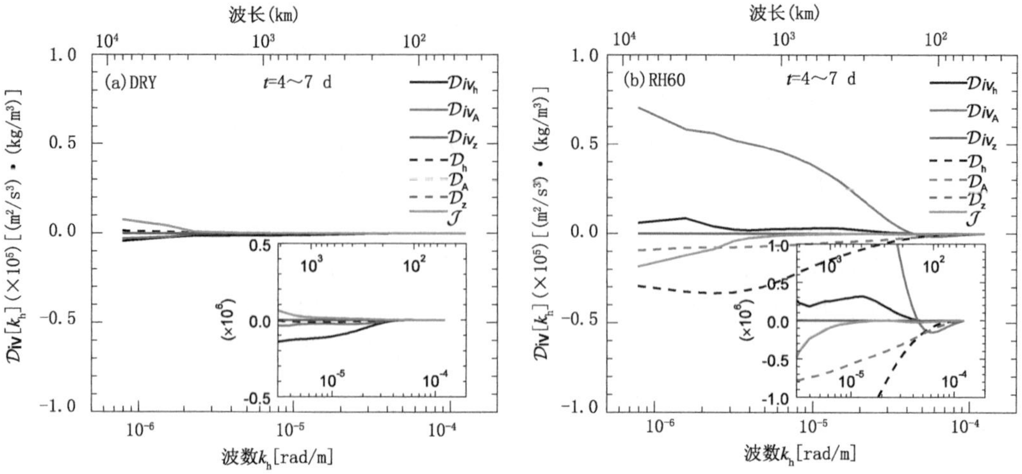

图 8.13　与图 8.10 相似，但为累积 3D 散度项 $\mathscr{D}iv_h[k_h]$、$\mathscr{D}iv_A[k_h]$ 和 $\mathscr{D}iv_z[k_h]$，累积的耗散项 $\mathscr{D}_h[k_h]$、$\mathscr{D}_A[k_h]$ 和 $\mathscr{D}_z[k_h]$，以及累积的总绝热非保守项 $\mathscr{J}[k_h]$。这里 $\mathscr{J}[k_h]=\mathscr{J}_h[k_h]+\mathscr{J}_z[k_h]+\mathscr{J}_A[k_h]$

$\Delta\partial_z\mathscr{F}_{h\uparrow}\equiv\partial_z\mathscr{F}_{h\uparrow}[k_1]-\partial_z\mathscr{F}_{h\uparrow}[k_2]$，$\Delta\mathscr{C}\equiv\mathscr{C}[k_1]-\mathscr{C}[k_2]$ 等。表 8.1 给出了在波数范围 $[\pi/2,\pi]\times10^{-6}$ rad/s 上，即波长在 4000 km 到 2000 km 之间(近似相应于天气尺度范围)和波数范围 $[\pi,40\pi]\times10^{-6}$ rad/s 上，即波长在 2000 km 和 50 km 之间(相应于中尺度范围)，主要能量收支项的计算结果。

由表可见，在干试验中，中尺度的水平动能主要受到弱的降尺度串级($\Delta\Pi_h=0.04$，单位：$10^{-5}(m^2/s^3)\cdot(kg/m^3)$，下同)和有效位能的转换 $\Delta\mathscr{C}_{A\to h}=0.05$ 的强迫。总体上，气压垂直通量散度和水平动能垂直通量散度均对中尺度的水平动能有着负的贡献($\Delta\partial_z\mathscr{F}_{p\uparrow}=-0.02$ 和 $\Delta\partial_z\mathscr{F}_{h\uparrow}=-0.04$)，但是在中尺度子范围[50 km，1000 km]上，气压垂直通量散度对水平动能有着正贡献(图 8.10a)，且此正贡献的强度与弱的降尺度串级的贡献(图 8.12a)在量级上是相当的，不过这个正贡献在很大程度上被负的水平动能垂直通量项所抵消。而中尺度有效位能唯一的来源为相应的降尺度串级($\Delta\Pi_A=0.08$)。

在试验 RH60 中，能量收支过程是非常不同的。在中尺度上，平流层低层的水平动能主要源项为气压垂直通量散度项($\Delta\partial_z\mathscr{F}_{p\uparrow}=0.7$)和水平动能垂直通量散度项($\Delta\partial_z\mathscr{F}_{h\uparrow}=0.33$)。这两项增加的中尺度水平动能一部分被转换为同一波数上的有效位能($\Delta\mathscr{C}_{A\to h}=-0.32$)，一部分被耗散掉($\Delta\mathscr{D}_h=-0.33$)。另外一个作用在中尺度水平动能上的负贡献来自于非线性通量($\Delta\Pi_h=-0.13$)，其意味着平流层低层经历着一个明显的升尺度的水平动能串级过程。对于平流层低层的中尺度有效位能，除了来自中尺度水平动能的转换外，还有一个重要的正贡献来自于三维散度项($\Delta\mathscr{D}iv_A=0.52$)，在这两个显著的中尺度有效位能源的作用下，平流层低层的中尺度经历着一个更强的升尺度有效位能串级过程($\Delta\Pi_A=-0.40$)。在天气尺度上，平流层低层水平动能的正贡献主要来自于气压垂直通量散度项($\Delta\partial_z\mathscr{F}_{p\uparrow}=0.11$)、水平动能垂直通量项($\Delta\partial_z\mathscr{F}_{h\uparrow}=0.23$)、源于中尺度的升尺度转移(0.13)以及源于更大尺度的弱的降尺度串级(0.06)；而平流层低层的有效位能的正贡献主要来自于三维散度项的强迫作用($\Delta\mathscr{D}iv_A=0.06$)、源于中尺度的升尺度转移(0.40)和源于更大尺度的强的降尺度串级(0.85)。此外，天气尺度上也经历着一个强的有效位能向其他形式能量的转换($\Delta\mathscr{C}=0.62$)，且此转换主要产生水平动能（$\Delta\mathscr{C}_{A\to h}=0.58$）。

表 8.1　对于干试验(DRY)和湿试验(RH60)，在近似的天气尺度和中尺度范围上，沿平流层低层垂直平均且沿 $t=4\sim7$ d 时间平均的定量能量收支。所有的值的单位为 10^{-5} (m²/s³)·(kg/m³)，且是直接从图 8.10—8.13 中得到

	2000 km $<\lambda\leqslant$ 4000 km		50 km $<\lambda\leqslant$ 2000 km	
	DRY	RH60	DRY	RH60
$\Delta\partial_z\mathscr{F}_{p\uparrow}$	0.36	0.11	−0.02	0.70
$\Delta\partial_z\mathscr{F}_{h\uparrow}$	−0.13	0.23	−0.04	0.33
$\Delta\mathscr{C}$	0.17	0.62	0.05	−0.21
$\Delta\mathscr{C}_{A\to h}$	0.16	0.58	0.05	−0.32
$\Delta\mathscr{C}_{A\to z}$	0.01	0.00	0.00	0.10
$\Delta\Pi_A$	0.78	1.25	0.08	−0.40
$\Delta\Pi_h$	−0.12	0.18	0.04	−0.13
$\Delta\mathscr{D}iv_A$	−0.02	0.06	0.00	0.52
$\Delta\mathscr{D}_h$	0.00	0.00	0.00	−0.33

8.6　湿过程作用和能量串级机制

8.6.1　湿过程对中尺度能量谱的作用

从以上分析来看，关于湿过程如何增强平流层低层中尺度能量谱的动力学机理可以概括如下：湿过程释放潜热，继而增强垂直对流并激发出重力惯性波(IGWs)；增强的湿对流和对流激发的重力惯性波，尤其是后者，将对流层高层的水平动能垂直输送到平流层低层；在平流层低层增加的中尺度水平动能一部分用于加强中尺度水平动能谱，一部分升尺度转移到天气尺度，一部分转换为中尺度的有效位能；在水平动能的转换和三维散度的强迫两个正贡献的作用下，平流层低层的中尺度有效位能谱被加强，且一个显著的升尺度有效位能串级发生。需要说明的是，这里研究发现的水平动能和有效位能的升尺度串级发生在中尺度范围的大尺度端上，而不是在整个中尺度范围上。对于水平动能在波长小于 360 km，对于有效位能在波长小于 200 km 的尺度范围上，仍然存在降尺度串级过程，此结果在一定程度上与 Cho 和 Lindborg (2001)基于飞机资料的结构函数分析是一致的。

这里发现的水平动能和有效位能两者的升尺度串级是与间歇性的湿对流过程相关的，其暗示了在实际大气中平流层低层的中尺度范围上既可以发生降尺度串级也可以发生升尺度串级，且能量串级的方向依赖于可能的能量源。不同于 Lilly (1983)的升尺度串级理论，即假定能量是在小尺度上注入的，这里的结果表明对于升尺度串级过程，小尺度能量源不是必要的，且中尺度上的直接强迫也可以有效地滋养平流层低层中尺度上的升尺度串级过程。

8.6.2　升尺度串级的可能机制

本章的一个最重要的发现是在湿试验 RH60 中平流层低层中尺度范围大端上出现显著

的升尺度能量串级。那么,什么机制驱动了这个升尺度串级?我们试探性地回答是它可以用地转调整理论来解释,至少有以下三个直接的证据支持这个推测。

首先,如图 8.5a 所示,在中尺度范围上散度动能谱具有与涡旋动能谱同等量级的强度。这一事实排除了这些尺度可以用准地转近似理论来合理描述的可能性(Lindborg,2007)。换句话说,也就是在这些尺度上非平衡运动是显著的。

其次,在升尺度能量串级发生的波数范围上,相应的均方根罗斯贝数近似为 0.1。这样罗斯贝数虽然小,但是不可忽略的,这一方面说明了地球旋转作用在这些尺度上是重要的,另一方面也说明了尽管其垂直涡度 ζ 比科里奥利力参数 f 小得多,但也是显著的。均方根罗斯贝数定义为(Klein et al.,2008):

$$Ro = \frac{\zeta_{\mathrm{rms}}}{f} \tag{8.10}$$

式中 ζ_{rms} 为垂直涡度的均方根(RMS)。参照 Lindborg (2009),在给定的波数范围 $[k_1,k_2]$ 上相应的 ζ_{rms} 可以通过旋转动能谱计算得到,即:

$$\zeta_{\mathrm{rms}} = \sqrt{\sum_{k_1 \leqslant k_{\mathrm{h}} \leqslant k_2} \frac{2k_{\mathrm{h}}^2 E_{\mathrm{R}}[k_{\mathrm{h}}]\Delta k}{\bar{\rho}_{\mathrm{d}}}} \tag{8.11}$$

根据前面给出的结果,升尺度能量串级主要发生在波长范围 [200 km,2000 km] 上,对应于水平波数从 $k_1=\pi\times10^{-6}\,\mathrm{rad/m}$ 到 $k_2=\pi\times10^{-5}\,\mathrm{rad/m}$ 。利用图 8.5a 中给出的垂直和时间平均的 $E_R[k_h]$,可以计算得到这一波数范围上的均方根罗斯贝数。对于湿试验 RH60 计算得到其值近似为 0.1。

再次,在这些尺度上能量转换是从辐散分量(非平衡部分)向旋转分量(平衡部分)。在能量谱收支分析中,散度动能和旋转动能之间的转换项表现为水平散度和垂直涡度的交叉谱,其在给定的波数矢量 $\boldsymbol{k}$ 上可以表达为:

$$C_{D\to R}(\boldsymbol{k}) = -\bar{\rho}_{\mathrm{d}} f(\zeta,\delta)_k / |\boldsymbol{k}|^2 \tag{8.12}$$

正的 $C_{\mathrm{D\to R}}(\boldsymbol{k})$ 代表在波数矢量 $\boldsymbol{k}$ 上散度动能向旋转动能转换。类似于 $\mathscr{C}_{\mathrm{A\to h}}[k_h]$,同样可以构造累积的转换项 $\mathscr{C}_{\mathrm{D\to R}}[k_h]$。图 8.14 给出的是干试验和湿试验 RH60 中在垂直方向上沿平流层低层平均且在时间上沿 $t=4\sim7$ d 平均的累积转换项 $\mathscr{C}_{\mathrm{D\to R}}[k_h]$ 。从图中可以看出,对于湿试验 RH60,在发生升尺度能量串级的波数范围上存在显著的从散度动能向旋转动能的正转换,而对于干试验相应的转换是可以忽略不计的。

8.7 小结

本章利用非静力的数值模拟结果和新发展的能量谱收支方程,针对理想的湿斜压波系统,研究了湿过程对平流层低层能量谱、能量转换和能量收支的作用。主要结论如下:

(1)湿过程能够加强平流层低层的中尺度能量谱,包括水平动能谱、垂直动能谱和有效位能谱。两个考虑湿过程的试验,尤其是试验 RH60,在整个中尺度范围上所具有的水平动能比干试验要大得多;这一特征在尺度小于 500 km 左右的尺度上表现得更为显著。与干试验相比,湿试验 RH60 中的水平动能谱与 Lindborg (1999)参考谱更加吻合。

(2)平流层低层的水平动能谱的辐散部分和旋转部分表现出对湿过程同等强度的依赖性。

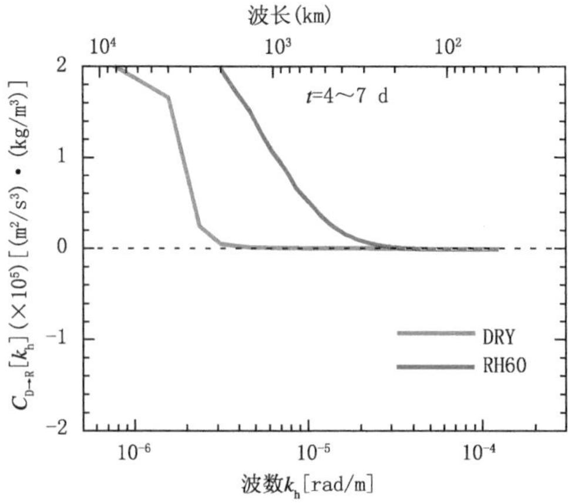

图 8.14 不同试验中累积的转换谱 $C_{D\to R}[k_h]$ 随总水平波数 k_h 的关系曲线。这里转换谱也是在垂直方向上沿平流层低层平均且在时间上沿 $t=4\sim7$ d 平均的。其他细节同图 8.10

也就是说包含湿过程同时增强了平流层低层的中尺度散度动能和涡旋动能，这一发现不同于 Waite 和 Snyder(2013)关于对流层高层的研究结果，后者发现在对流层高层湿过程主要增强了其水平动能谱的散度部分。

(3)无论是在湿试验还是干试验中，在整个中尺度上有效位能谱的形状与水平动能谱非常相似，且中尺度水平动能谱与有效位能谱的比值近似为 2，这与观测是十分吻合的(Gage 和 Nastrom,1986)。此外，湿垂直动能谱在中尺度范围上几乎不随波数变化，即表现为一个平的谱线。

(4)在干试验中，平流层低层的中尺度既受到了弱的水平动能降尺度串级的强迫，也受到了弱的有效位能降尺度串级的强迫，还受到了弱的有效位能向水平动能转换的强迫(主要发生在中尺度范围的大端)。同时，气压垂直通量散度在中尺度子域[50 km,1000 km]上也有显著的正贡献，这一结果与 Waite 和 Snyder(2009)的是一致的。但是，这个正贡献在很大程度上被同一尺度范围上水平动能垂直通量散度的负贡献抵消，这种作用是包括 Waite 和 Snyder(2009)在内的已有研究所没有注意到的。由于这两项之间的抵消作用，中尺度子域[50 km,1000 km]只显著地受降尺度串级的控制，因此在一定程度上可以看作湍流惯性区域。

(5)对于试验 RH60，在中尺度范围上，平流层低层水平动能的主要源项为气压垂直通量散度和水平动能垂直通量散度；由这两项增加的水平动能一部分转换为同一波数上的有效位能，一部分被耗散移除；另外一个作用在中尺度水平动能上的负贡献来自于非线性谱通量，这表明了平流层低层的中尺度(更确切地，指波长大于 360 km 的中尺度范围)经历着一个明显的升尺度水平动能串级过程。平流层低层的中尺度有效位能主要源项为中尺度水平动能的转换和三维散度项，在这两个显著的中尺度有效位能源的作用下，平流层低层的中尺度经历着一个更强的升尺度的有效位能串级过程。

湿试验 RH60 和干试验之间能量谱收支的差异清楚地表明：湿过程能够改变平流层低层中尺度上水平动能和有效位能之间转换的方向，也能够改变平流层低层中尺度上水平动能和有效位能串级的方向；湿过程增强了对流运动本身，对流可激发重力惯性波(IGWs)，两者对平流层低层中尺度水平动能都有显著的直接强迫作用；同时，通过三维散度项的强迫作用，湿过程还对平流层低层中尺度有效位能有显著的正贡献。

本章附录

单位体积能量谱收支方程中各项的具体表达式

在能量谱收支方程中，各项的具体表达式如下：

$$t_{\mathrm{h}}(\boldsymbol{k}) = -\bar{\rho}_{\mathrm{d}}(\boldsymbol{u},\boldsymbol{u}\cdot\nabla\boldsymbol{u}+\boldsymbol{u}\nabla\cdot u/2)_{k}+\bar{\rho}_{\mathrm{d}}[(\partial_{z}\boldsymbol{u},w\boldsymbol{u})_{k}-(\boldsymbol{u},w\partial_{z}\boldsymbol{u})_{k}]/2 \tag{A1}$$

$$t_{z}(\boldsymbol{k}) = -\bar{\rho}_{\mathrm{d}}(w,\boldsymbol{u}\cdot\nabla w+w\nabla\cdot\boldsymbol{u}/2)_{k}+\bar{\rho}_{\mathrm{d}}[(\partial_{z}w,ww)_{k}-(w,w\partial_{z}w)_{k}]/2 \tag{A2}$$

$$t_{\mathrm{A}}(\boldsymbol{k}) = -\bar{\rho}_{\mathrm{d}}\gamma(\theta'_{\mathrm{m}},\boldsymbol{u}\cdot\nabla\theta'_{\mathrm{m}}+\theta'_{\mathrm{m}}\nabla\cdot\boldsymbol{u}/2)_{k}+\bar{\rho}_{\mathrm{d}}\gamma[(\partial_{z}\theta'_{\mathrm{m}},w\theta'_{\mathrm{m}})_{k}-(\theta'_{\mathrm{m}},w\partial_{z}\theta'_{\mathrm{m}})_{k}]/2 \tag{A3}$$

$$F_{\mathrm{h}\uparrow}(\boldsymbol{k}) = -\bar{\rho}_{\mathrm{d}}(\boldsymbol{u},w\boldsymbol{u})_{k}/2 \tag{A4}$$

$$F_{p\uparrow}(\boldsymbol{k}) = -c_{p}\bar{\rho}_{\mathrm{d}}\bar{\theta}(w,\pi')_{k} \tag{A5}$$

$$F_{z\uparrow}(\boldsymbol{k}) = -\bar{\rho}_{\mathrm{d}}(w,ww)_{k}/2 \tag{A6}$$

$$F_{\mathrm{A}\uparrow}(\boldsymbol{k}) = -\bar{\rho}_{d}\gamma(\theta'_{\mathrm{m}},w\theta'_{\mathrm{m}})_{k}/2 \tag{A7}$$

$$Div_{\mathrm{h}}(\boldsymbol{k}) = \bar{\rho}_{\mathrm{d}}(\boldsymbol{u},\boldsymbol{u}(\partial_{z}w+\nabla\cdot\boldsymbol{u}))_{k}/2 \tag{A8}$$

$$Div_{z}(\boldsymbol{k}) = \bar{\rho}_{\mathrm{d}}(w,w(\partial_{z}w+\nabla\cdot\boldsymbol{u}))_{k}/2 \tag{A9}$$

$$Div_{\mathrm{A}}(\boldsymbol{k}) = \bar{\rho}_{\mathrm{d}}\gamma(\theta'_{\mathrm{m}},\theta'_{\mathrm{m}}(\partial_{z}w+\nabla\cdot\boldsymbol{u}))_{k}/2 \tag{A10}$$

$$C_{\mathrm{A}\to\mathrm{h}}(\boldsymbol{k}) = c_{p}\bar{\rho}_{\mathrm{d}}\bar{\theta}(w,\partial_{z}\pi')_{k} \tag{A11}$$

$$C_{\mathrm{A}\to z}(\boldsymbol{k}) = \bar{\rho}_{\mathrm{d}}g(w,\theta'_{m})_{k}/\bar{\theta}-c_{p}\bar{\rho}_{\mathrm{d}}\bar{\theta}(w,\partial_{z}\pi')_{k}-\bar{\rho}_{\mathrm{d}}g(w,q_{t})_{k} \tag{A12}$$

$$C(\boldsymbol{k}) = \bar{\rho}_{\mathrm{d}}g(w,\theta'_{\mathrm{m}})_{k}/\bar{\theta} \tag{A13}$$

$$H_{\mathrm{h}}(\boldsymbol{k}) = c_{p}\bar{\rho}_{\mathrm{d}}(H_{\mathrm{m}},\pi')_{k} \tag{A14}$$

$$H_{\mathrm{A}}(\boldsymbol{k}) = \bar{\rho}_{\mathrm{d}}\gamma(H_{\mathrm{m}},\theta'_{\mathrm{m}})_{k} \tag{A15}$$

$$D_{\mathrm{h}}(\boldsymbol{k}) = \bar{\rho}_{\mathrm{d}}(\boldsymbol{u},D_{\mathrm{w}})_{k} \tag{A16}$$

$$D_{z}(\boldsymbol{k}) = \bar{\rho}_{d}(\boldsymbol{w},D_{\mathrm{w}})_{k} \tag{A17}$$

$$D_{\mathrm{A}}(k) = \bar{\rho}_{d}\gamma(\theta'_{\mathrm{m}},D_{\mathrm{m}})_{k} \tag{A18}$$

$$J_{\mathrm{h}}(k) = -F_{h\uparrow}(\boldsymbol{k})\partial_{z}\ln\bar{\rho}_{\mathrm{d}} \tag{A19}$$

$$J_{z}(\boldsymbol{k}) = -F_{z\uparrow}(\boldsymbol{k})\partial_{z}\ln\bar{\rho}_{d} \tag{A20}$$

$$J_{\mathrm{A}}(\boldsymbol{k}) = -F_{\mathrm{A}\uparrow}(\boldsymbol{k})\partial_{z}\ln(\bar{\rho}_{\mathrm{d}}\gamma) \tag{A21}$$

第 9 章　对流层高层湿斜压波系统的中尺度能量谱

9.1　引言

第 8 章基于理想的斜压波数值模拟研究了平流层低层能量谱形成的动力学机理。水平动能和有效位能的谱收支诊断分析表明：在理想斜压波系统中，平流层低层的中尺度不仅受能量串级的控制，而且显著地受到垂直通量和三维散度的直接强迫作用，其中垂直通量源于垂直对流本身和对流激发的重力惯性波两个方面；湿过程能够改变平流层低层中尺度上水平动能和有效位能的串级方向以及二者之间的转换方向。

前面的模拟结果已表明，湿过程引起的潜热释放主要发生在对流层高层，那么湿过程影响对流层高层的中尺度能量谱的动力学机理是什么？对于湿斜压波系统，Waite 和 Snyder (2013)的研究在一定程度上揭示了湿过程在建立其对流层高层动能谱中的重要性，他们诊断了浮力通量谱以及潜热加热率和位温之间的交叉谱（即所谓的加热谱），发现在具有相对较高水汽的湿模拟中，浮力通量谱和加热谱在 800 km 左右表现出一个正峰值且在整个中尺度上均为高值。基于此，Waite 和 Snyder(2013)提出了两种可能的机制来解释湿过程如何作用于对流层高层的中尺度：其一是动能主要在大尺度上注入，因而加强了降尺度能量串级；其二是动能直接在中尺度上注入，因而直接加强了中尺度系统。但是，仅仅只诊断浮力通量谱和加热谱并不能完全理解对流层高层中尺度能量谱的动力学机理。非线性谱转移、对流激发的重力惯性波垂直传播、与潜热释放有关的不同微物理过程及伴随加热的减湿过程等，对对流层高层的中尺度能量谱都会有作用。因此，定量诊断非线性谱通量，揭示对流层高层的中尺度能量串级的方向和机理；定量诊断湿过程释放潜热激发重力惯性波，对能量垂直输送的作用，揭示对流层高层中尺度上能量的直接净强迫作用。这些都是揭示对流层高层中尺度能量谱的动力学机理需要进一步研究的内容。此外，在总的潜热加热作用中，不同微物理过程对中尺度能量谱的贡献以及湿过程表现出的大气“减湿器”作用对中尺度能量谱的定量贡献也都需要进一步研究。

本章的结构安排如下：9.2 节回顾了前面推导的湿的、非静力的能量谱收支公式和第 8 章中的数值模拟。9.3 节讨论了能量串级、能量转换和能量垂直输送。9.4 节讨论了湿过程的非绝热贡献，其中同时考虑了潜热加热和减湿的作用。此外，还定量分析了不同微物理过程对中尺度能量谱的贡献。9.5 节分析了绝热非保守过程和三维散度的作用。9.6 节进一步分析了净的直接强迫，并将其与能量串级进行了明确的对比。9.7 节给出了本章小结。

9.2 能量谱收支方程

为了更直观地研究局地波数 $k_{\rm h}$ 上能量的收支特征，不同于第 8 章中的累积形式公式(8.6)—(8.8)，本章所使用的谱收支方程为第 8 章中方程(8.1)—(8.3)按式(8.4)的方式所构造的一维 $k_{\rm h}$ 谱形式，即

$$\frac{\partial}{\partial t}E_{\rm h}[k_{\rm h}]=t_{\rm h}[k_{\rm h}]+\partial_z F_{{\rm h}\uparrow}[k_{\rm h}]+Div_{\rm h}[k_{\rm h}]+\partial_z F_{p\uparrow}[k_{\rm h}]$$
$$+C_{\rm A\to h}[k_{\rm h}]+H_{\rm h}[k_{\rm h}]+D_{\rm h}[k_{\rm h}]+J_{\rm h}[k_{\rm h}] \tag{9.1}$$

$$\frac{\partial}{\partial t}E_z[k_{\rm h}]=t_z[k_{\rm h}]+\partial_z F_{z\uparrow}[k_{\rm h}]+Div_z[k_{\rm h}]$$
$$+C_{{\rm A}\to z}[k_{\rm h}]+D_z[k_{\rm h}]+J_z[k_{\rm h}] \tag{9.2}$$

$$\frac{\partial}{\partial t}E_{\rm A}[k_{\rm h}]=t_{\rm A}[k_{\rm h}]+\partial_z F_{{\rm A}\uparrow}[k_{\rm h}]+Div_{\rm A}[k_{\rm h}]$$
$$-C[k_{\rm h}]+H_{\rm A}[k_{\rm h}]+D_{\rm A}[k_{\rm h}]+J_{\rm A}[k_{\rm h}] \tag{9.3}$$

式中各项具体物理意义参见第 8 章。

9.3 斜压波模拟的回顾

基于本章研究的目的，这里对第 8 章的斜压波模拟方案进行了一些小的修改。

首先，为了简洁，本章只设计了干和湿两组试验，其中干试验与第 8 章一致，而湿试验类似于第 8 章中的试验 RH60。其区别在于，这里湿试验的水汽是基于一个更复杂的相对湿度(RH)廓线初始化的。此相对湿度廓线分布如下：

$$\mathrm{RH}(z)=\begin{cases}1.0-0.9\left(\dfrac{z}{8\ \mathrm{km}}\right)^{1.25} & z<8\ \mathrm{km};\\ 0.1 & z\geqslant 8\ \mathrm{km};\end{cases}$$
$$\mathrm{RH}(z)=\min(0.6,\mathrm{RH}(z)) \tag{9.4}$$

这个复杂的相对湿度廓线能够确保对流层低层的初始 RH 与第 8 章中试验 RH60 是一样的，但在平流层却是足够干的。此处修改的目的只是为了使得 RH 廓线更符合实际大气。调整后的水汽混合比和相对湿度分布见图 9.1b。同样地，干和湿急流上叠加的都是增长最快的干的标准模扰动(图 9.1a 中阴影)。

其次，为了揭示不同微物理过程对能量谱收支的贡献，本章的湿试验中微物理过程采用的是 WSM6 方案 (Hong 和 Lim，2006)，其能显式地给出水汽、云水、云冰、雨、雪和霰的模拟结果。其他物理方案同第 8 章。

尽管平流层的相对湿度不同，但是本章中湿试验的主要结果与第 8 章的试验 RH60 是一致的，这也进一步证实了第 8 章结论的可靠性。同第 8 章，模拟的斜压波生命史可以分为三个不同的阶段：早期(t=4～7 d)，中间期(t=7～10 d)和晚期(t=10～13 d)。在早期，斜压不稳定饱和，且最大对流和最大非绝热加热发生。而且，对于湿试验最大潜热加热率发生在 t =5

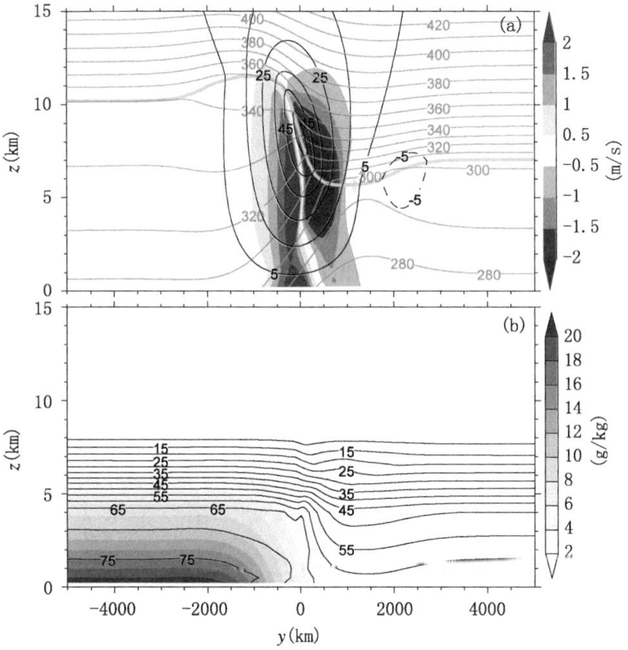

图 9.1　初始条件：在最大位温扰动处的经向剖面，(a)细黑线表示未经扰动的纬向速度 u（间隔 10 m/s)，且对于 u 的负值已表示为虚线；细灰线表示未经扰动的位温 θ（间隔 10 K）。彩色阴影表示叠加在纬向速度上的扰动（间隔 0.5 m/s)；粗浅绿(lime)线指示 2-PVU 动力学对流层顶。(b)黑线对应于湿试验中相对湿度（间隔 5%），且阴影表示其水汽混合比 q_v（间隔 2 g/kg）

d；正的潜热加热主要发生在 12 km 以下且峰值位于 8 km，更详细的描述见第 8 章。本章的分析以 z=5～10 km 代表对流层高层，且为了强调湿过程的作用只关注斜压波发展的前期。如不加特殊说明，下文中的谱均指在垂直方向上沿 5 km $\leqslant z \leqslant$ 10 km 平均且在时间上沿 4 d $\leqslant t \leqslant$ 7 d 平均的谱。

9.4　能量串级、能量转换和能量垂直输送

9.4.1　能量串级

能量串级可以通过计算非线性谱通量来精确地评估，即

$$\Pi_*[k_h]=\int_{k_h}^{k_{h_{max}}} t_*[k]\mathrm{d}k \tag{9.5}$$

式中，$k_{h_{max}}$ 代表最大波数，* 代表任意形式能量。根据定义，$\Pi_*[0]=\Pi_*[k_{h_{max}}]=0$。正非线性谱通量（$\Pi_*[k_h]>0$）意味着降尺度串级；负非线性谱通量（$\Pi_*[k_h]<0$）意味着升尺度串级。

图 9.2a 给出的是干试验中水平动能（Π_h）、有效位能（Π_A）、垂直动能（Π_z）和总能（Π）的非线性谱通量随总水平波数 k_h 的变化。这里，$\Pi=\Pi_h+\Pi_A+\Pi_z$。在大于 2000 km 的大尺度上，总非线性谱通量（蓝色）由正的有效位能谱通量（红色）主导，且有效位能谱通量在波长 λ = 8000 km 上达到最大值 $0.88\times10^{-4}(m^2/s^3)\cdot(kg/m^3)$，其暗示了从行星尺度到天气尺度上显著的有

效位能降尺度串级。在中尺度范围上,有效位能谱通量全为正且在 $\lambda = 1000$ km 左右达到极大值 $0.34\times10^{-5}(\mathrm{m^2/s^3})\cdot(\mathrm{kg/m^3})$,这意味着从中尺度范围的大尺度端向更小尺度的一个弱的降尺度串级。对于水平动能谱通量,其可以划分为三个范围:$\lambda > 6000$ km,$2000\ \mathrm{km} < \lambda \leqslant 6000$ km 和 $\lambda \leqslant 2000$ km。这三个波段对应的运动依次表现出降尺度、升尺度和降尺度的水平动能串级。水平动能谱通量在中尺度范围上的最大值为 $0.98\times10^{-5}(\mathrm{m^2/s^3})\cdot(\mathrm{kg/m^3})$ 且位于 $\lambda = 1333$ km。因此,在中尺度上,水平动能的降尺度串级要稍强于有效位能的降尺度串级。

湿试验中的非线性谱通量(图 9.2b)是非常不同的。总体来看,水平动能谱通量与有效位能谱通量是相当的。因此,总的谱通量也可以划分为三个波段,其所对应的运动分别表现出降尺度、升尺度和降尺度串级。在大尺度上,有效位能谱通量在 $\lambda = 8000$ km 左右达到最大值 $0.33\times10^{-4}(\mathrm{m^2/s^3})\cdot(\mathrm{kg/m^3})$,其比干试验相应值的一半还小,这暗示了包含湿过程减弱了大尺度上有效位能的降尺度串级。与此相反,在中尺度范围上,有效位能谱通量具有极大值 $0.24\times10^{-4}(\mathrm{m^2/s^3})\cdot(\mathrm{kg/m^3})$,其要比干试验中相应值大得多,因此包含湿过程显著增强了中尺度上有效位能的降尺度串级。同样地,其也增强了中尺度上水平动能的降尺度串级。具体地,水平动能谱通量在中尺度上具有平稳的高值 $0.12\times10^{-4}(\mathrm{m^2/s^3})\cdot(\mathrm{kg/m^3})$。

此外,在所有试验中,垂直动能非线性谱通量(绿线)是可以忽略不计的,因此这里不予讨论。

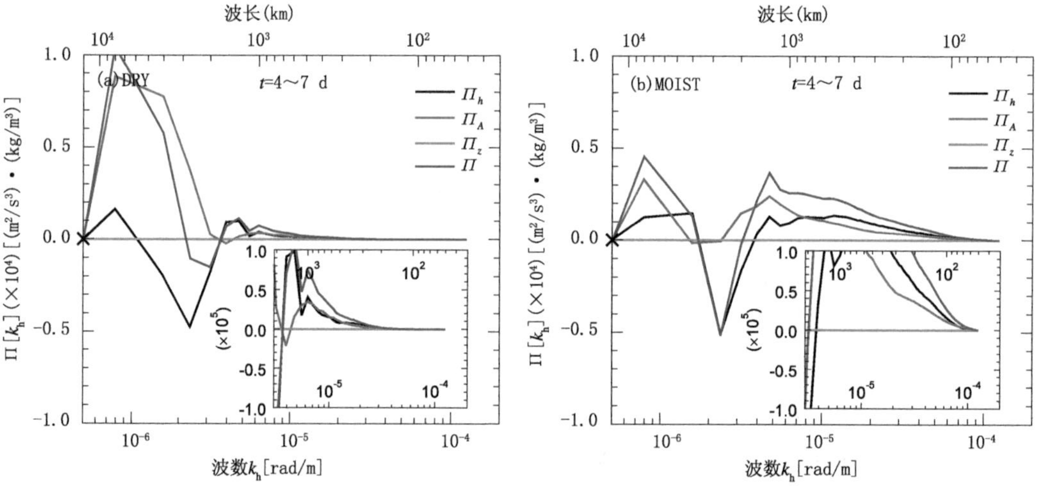

图 9.2　不同试验中水平动能(黑色)、有效位能(红色)、垂直动能(绿色)和总能(蓝色)非线性谱通量随总水平波数 k_h 的关系曲线。这些谱通量是在垂直方向上沿 $5\ \mathrm{km} \leqslant z \leqslant 10$ km 平均且在时间上沿 $4\ \mathrm{d} \leqslant t \leqslant 7$ d 平均的。为了方便,原点(即用"×"标记的点)上的任意谱通量的值已经修改为 $k_h = 0$ 对应的相应通量。图中嵌套的小图为中尺度子范围 $k_h \geqslant 3\times10^{-6}$ rad/m 的展开图。(a. 干试验;b. 湿试验)

9.4.2　能量转换

图 9.3 给出了干试验和湿试验中,不同能量转换项 $C[k_h]$、$C_{A\to h}[k_h]$、$C_{A\to z}[k_h]$ 和 $C_{A\to q}[k_h]$ 的水平波数谱。这里 $C_{A\to q} = C - C_{A\to h} - C_{A\to z}$ 代表湿有效位能向总的湿物质重力势能的转换谱。

对于干试验(图 9.3a),能量转换项中以 $C_{A\to h}[k_h]$ 为主,这意味着干试验中主要存在有效位能和水平动能的能量转换。正 $C_{A\to h}[k_h]$ 代表在水平波数 k_h 上有效位能向水平动能转换。因此,在尺度大于 2000 km 上,转换是从有效位能向水平动能进行的,这与大尺度斜压不稳定

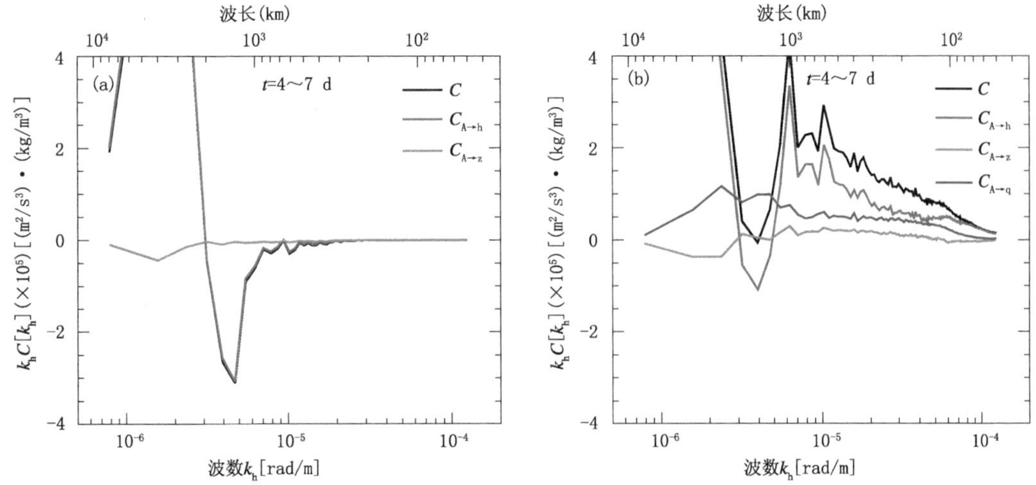

图 9.3　不同试验中谱的转换项 $C[k_h]$（黑色）、$C_{A\to h}[k_h]$（红色）、$C_{A\to z}[k_h]$（绿色）以及 $C_{A\to q}[k_h]$（蓝色，只对湿试验）随总水平波数 k_h 的关系曲线。这些谱转换项也是在垂直方向上沿 5 km ≤ z ≤ 10 km 平均且在时间上沿 4 d ≤ t ≤ 7 d 平均的结果。谱值乘以 k_h 是为了保持画图区域满足对数线性坐标。（a. 干试验；b. 湿试验）

一致；而在中尺度上，转换是从水平动能向有效位能进行的。这些结果与 Waite 和 Snyder (2013)的发现是相似的(见其图 11)。

对于湿试验(图 9.3b)，在大于 2000 km 尺度范围上，能量转换也是由正的 $C_{A\to h}[k_h]$ 主导。然而，在中尺度范围上，能量转换是非常不同于干试验的。转换项 $C_{A\to h}[k_h]$ 在小于 1000 km 的中尺度范围上几乎都是正的，这意味着能量转换主要是从有效位能向水平动能。这一结果应该归因于潜热对有效位能的直接强迫作用。$C[k_h]$ 与 $C_{A\to h}[k_h]$ 的差异在中尺度上是明显的，这说明有效位能和湿重力能或垂直动能之间的转换尽管不是主导的，但也同样是显著的。例如，在波长 $\lambda = 400$ km 上，$C_{A\to q}[k_h]$ 与 $C_{A\to h}[k_h]$ 的比值为 0.5 左右，$C_{A\to z}[k_h]$ 与 $C_{A\to h}[k_h]$ 的比值为 0.2 左右，这说明相对于 $C_{A\to h}[k_h]$，$C_{A\to q}[k_h]$ 和 $C_{A\to z}[k_h]$ 也是不能忽略的。

9.4.3　能量垂直输送

根据定义，对于任意垂直通量的垂直散度(简称垂直通量散度)，其在垂直方向上沿对流层高层的平均值($\partial_z F_\uparrow[k_h]$)可以由以下公式给出：

$$\partial_z F_\uparrow[k_h] = (\Delta z)^{-1} F_\uparrow[k_h](z_t) - (\Delta z)^{-1} F_\uparrow[k_h](z_b) \tag{9.6}$$

式中，$z_t = 10$ km，$z_b = 5$ km，$\Delta z = z_t - z_b$。$F_\uparrow[k_h](z_t)$ 和 $F_\uparrow[k_h](z_b)$ 分别为对流层高层上下边界上的垂直通量。注意 $F_\uparrow[k_h] > 0$ 表示在水平波数 k_h 处垂直通量向下。图 9.4a 和 9.4b 给出了不同试验中水平动能垂直通量散度($\partial_z F_{h\uparrow}[k_h]$)、有效位能垂直通量散度($\partial_z F_{A\uparrow}[k_h]$)、垂直动能垂直通量散度($\partial_z F_{z\uparrow}[k_h]$)以及气压垂直通量散度($\partial_z F_{p\uparrow}[k_h]$)的水平波数谱，这些量都是对流层高层平均且 4 d ≤ t ≤ 7 d 时间平均的结果。图 9.4c 和 9.4d 给出了对流层高层上下边界上相应的垂直通量，这些通量均只沿 4 d ≤ t ≤ 7 d 作了时间平均。为了一致性，图 9.4c 和 9.4d 中的垂直通量已经乘了 $(\Delta z)^{-1}$。图 9.4a 和 9.4c 对应干试验结果，图 9.4b 和 9.4d 对应湿试验结果。

对于干试验，气压垂直通量散度(图 9.4a 中蓝线)在整个中尺度上均为正，且在波长 2000 km 左右有一个局地极大值，此极大值主要归因于底层向上的垂直通量(图 9.4c 中蓝虚线)。此结果相似于 Waite 和 Snyder(2009) (见其图 12a)。这说明了气压垂直通量对对流层高层的水平动能在中尺度上有着显著的正贡献，尤其是在中尺度范围的大端上；也说明了其与产生于对流层低层的重力惯性波(IGWs)的垂直向上传播有关。除了气压垂直通量的正贡献，水平动能垂直通量对中尺度水平动能同样有正贡献，其也是由底层向上的垂直通量主导(图 9.4c 中黑虚线)。与此相反，有效位能垂直通量对中尺度有效位能有着负的贡献，这主要归因于底层向下的有效位能垂直通量(图 9.4c 中的红虚线)。

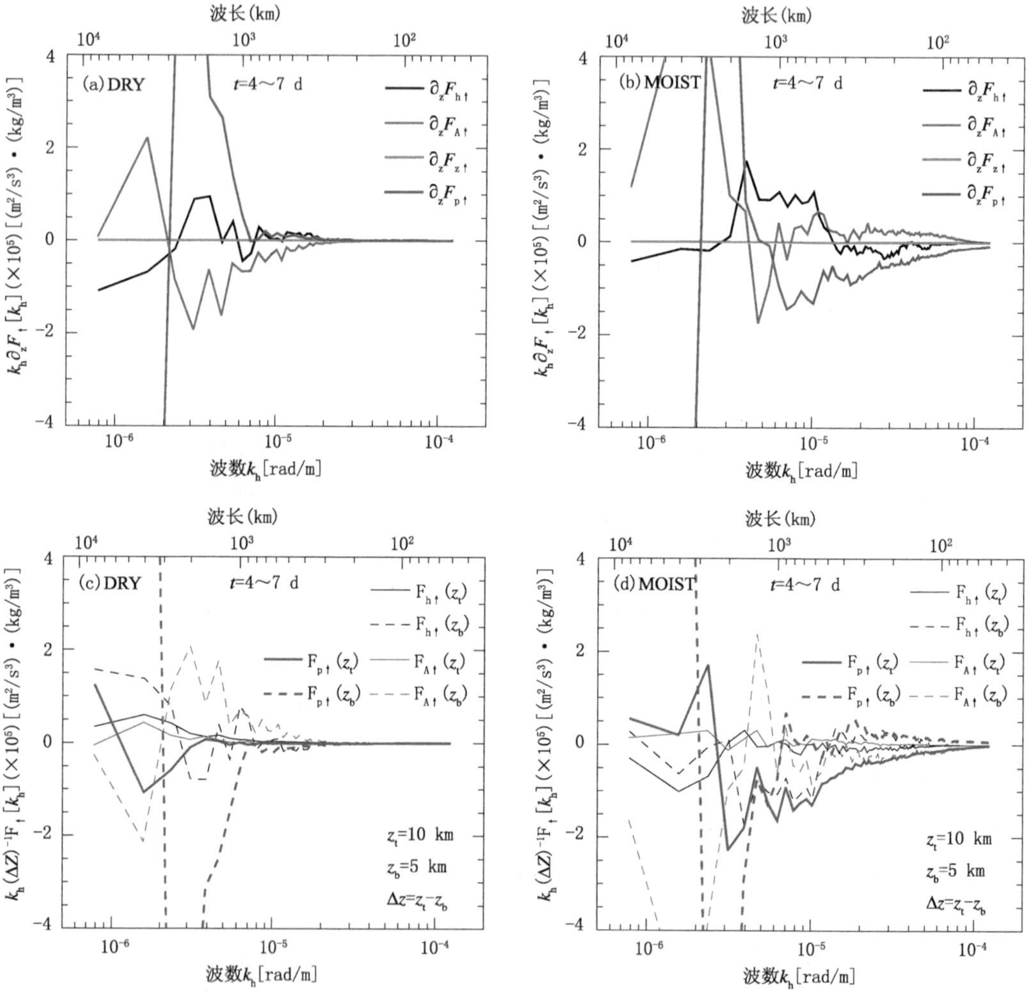

图 9.4　不同试验中(a、b)水平动能垂直通量散度($\partial_z F_{h\uparrow}[k_h]$)、有效位能垂直通量散度($\partial_z F_{A\uparrow}[k_h]$)、垂直动能垂直散度($\partial_z F_{z\uparrow}[k_h]$)和气压垂直通量散度($\partial_z F_{p\uparrow}[k_h]$)的水平波数谱；(c、d)对流层高层上边界($z_t = 10$ km)和下边界($z_b = 5$ km)上对应的垂直通量的水平波数谱。根据定义，上栏中的谱是在垂直方向沿 5 km$\leqslant z \leqslant$10 km 平均的且在时间上沿 4 d$\leqslant t \leqslant$7 d 平均的，而下栏中垂直通量已经乘了 $(\Delta z)^{-1}$ 且相应的谱只是在时间上沿 4 d$\leqslant t \leqslant$7 d 平均的，这里 $\Delta z = z_t - z_b$ 。其他细节同图 9.3。(a)，(c)为干试验；(b)，(d)为湿试验

图 9.4b 与图 9.4a 相似，但是为湿试验的结果。对比图 9.4a 和 9.4b，可以看到在中尺度上，两者的垂直通量是非常不同的，这说明包含湿过程显著地改变了能量的垂直输送。湿过程中释放的潜热会激发重力惯性波，重力惯性波的垂直传播可以影响能量的垂直通量。从图 9.4d 可以看到，在对流层高层顶层的中尺度范围上有强的向上的气压垂直通量（蓝实线），这意味着对流产生的重力惯性波向上传播输送了大量水平动能到平流层低层。另一方面，在对流层高层的底层，同干试验中的情形一样，在中尺度大端上仍然有一个强的向上的气压垂直通量，但是在较小尺度上（小于 1000 km）相应的通量为弱的且向下的（图 9.4d 中的蓝虚线）。在对流层高层的底层和顶层上，向外的气压垂直通量解释了气压垂直通量散度在尺度小于 1000 km 范围上显著的负贡献（图 9.4b 中蓝实线）。而气压垂直通量散度广阔的负贡献也说明了对流产生的重力惯性波存在于对流层高层的整个中尺度范围上。在尺度 500 km 和 2000 km 之间，$\partial_z F_{h\uparrow}[k_h]$ 仍然是正的；但是，在其他中尺度范围上，$\partial_z F_{h\uparrow}[k_h]$ 是弱的且负的，其主要归因于在这些尺度上底层有向下的垂直通量（图 9.4d 中黑虚线）。此外，$\partial_z F_{A\uparrow}[k_h]$ 在小于 1000 km 的尺度上对对流层高层的有效位能有着正的贡献（图 9.4b 中红线），对应于在这些尺度上对流层高层顶层向下的通量（图 9.4d 中红实线）和底层向上的通量（图 9.4d 中红虚线）。

9.5　非绝热作用

前一节中的定量分析清晰地表明包含湿过程确实加强了对流层高层中尺度上的降尺度串级，这证实了 Waite 和 Snyder(2013)推荐的机制一。同时，它还改变了对流层高层的中尺度上有效位能和水平动能之间的转化以及能量的垂直输送。接下来，将进一步定量湿过程的非绝热影响的直接强迫作用。

9.5.1　非绝热的谱贡献

非绝热项 $H_h[k_h]$ 和 $H_A[k_h]$ 是水平动能和有效位能谱收支方程中的源项，其是基于非绝热影响 H_m 计算的。在当前的湿试验中，非绝热影响 H_m 来自于两个方面：微物理过程和积云参数化。图 9.5 给出了对于湿试验，在垂直方向上沿 5 km $\leqslant z \leqslant$ 10 km 平均且在时间上沿 4 d $\leqslant t \leqslant$ 7 d 平均的非绝热项 $H_h[k_h]$ 和 $H_A[k_h]$。对比图 9.5a 和图 9.5b，可以看到 $H_A[k_h]$ 要比 $H_h[k_h]$ 显著得多，尤其是在中尺度范围上，这意味着来自于湿过程的非绝热贡献主要对有效位能起作用。而且，对于有效位能谱收支，总的非绝热贡献主要来自于微物理过程（虚线），这与 Waite 和 Snyder(2013)的发现是一致的。不过，这里的结果表明中尺度范围上，有效位能谱收支的非绝热贡献项的极大值出现在 1000 km 左右，比 Waite 和 Snyder(2013)研究得出的尺度(800 km)稍大，这应该是由于对干基本态急流的初始化修正造成的(Davies et al.，1991；Wernli et al.，1998)。

9.5.2　潜热加热源和大气“减湿器”

Bannon(2005)指出大气有效能量随着水汽的增加而增加，这意味着水汽的减少对有效位能应该有负的贡献。水汽位相改变可以释放潜热，同时也减少了空气中的水分。换句话说，大气中的湿过程不仅表现为潜热加热源，同时还表现为大气“减湿器”(Pauluis et al.，2002a)。在当前的能量谱收支公式中，非绝热项的计算基于的是联合的非绝热影响 H_m，即

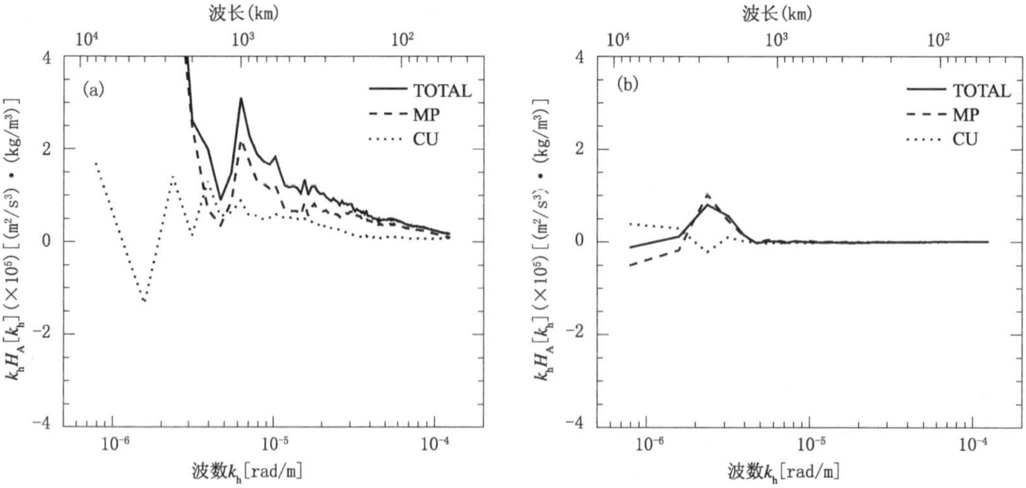

图 9.5　对于湿试验，沿 5 km ⩽ z ⩽ 10 km 高度平均且沿 4 d ⩽ t ⩽ 7 d 时间平均的非绝热项 $H_A[k_h]$ 和 $H_h[k_h]$ 的水平波数谱。虚线为微物理过程(MP)的贡献；点线为积云参数化(CU)的贡献；实线为二者总的贡献。其他细节见图 9.3

$$H_m = (1 + 1.61q_v)S_\theta + 1.61\theta S_{q_v} \tag{9.7}$$

式中，S_θ 和 S_{q_v} 分别表示湿过程造成的位温倾向和水汽倾向。上式右边第一项为潜热加热造成的影响，第二项为减湿造成的影响。图 9.6a 给出了湿物理过程(实线)和积云参数化(虚线)二者造成的潜热加热(红色)和减湿效应(绿色)对有效位能谱收支的非绝热贡献。从图可见，在所有尺度上，无论是潜热加热还是减湿效应都由微物理过程主导。微物理过程造成的潜热加热的贡献在所有尺度上均为正，且在波长 1000 km 左右取得极大值。与此相反，微物理过程造成的减湿效应的贡献总是负的，意味着在一定程度上其削弱了潜热加热的正贡献。

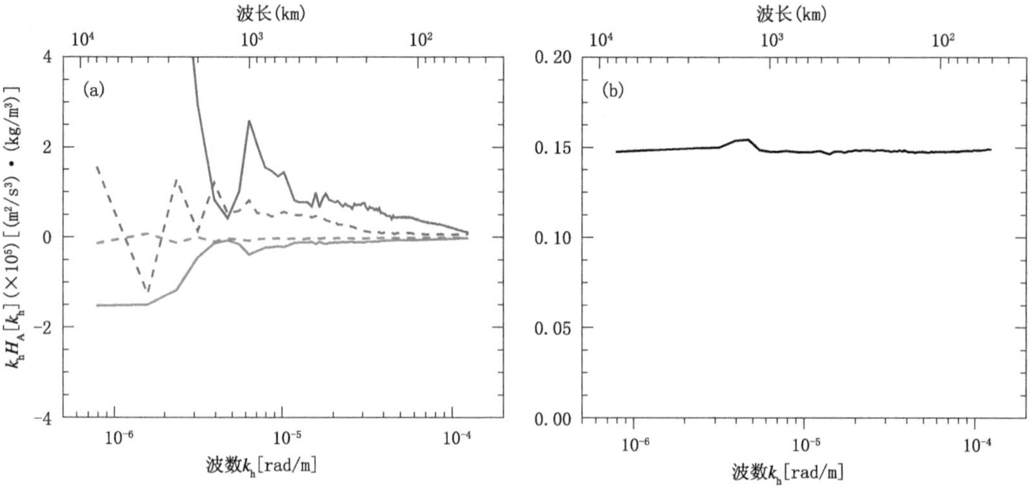

图 9.6　(a)在湿试验的有效位能谱收支中，不同物理过程中潜热加热(红色)和减湿效应(绿色)所造成的非绝热贡献项的水平波数谱。这些谱是沿 5 km⩽z⩽10 km 垂直平均且沿 4 d⩽t⩽7 d 时间平均的。实线：微物理过程；虚线：积云参数化。(b)微物理过程中减湿效应的贡献与潜热加热的贡献的比值随波数的分布，且此比值是直接从(a)中绿实线和红实线计算得到的。其他细节同图 9.3

为了评估湿过程减湿效应的重要性，进一步计算了微物理过程中减湿效应的贡献与潜热加热的贡献的比，其结果在图9.6b中给出。从图中可以看出，在所有尺度上，这个比值近似为0.15，这意味着其削弱了潜热加热的非绝热贡献的15%。因此，过去的研究中忽略湿过程的减湿效应会在一定程度上夸大了湿过程的作用。

9.5.3　微物理过程的进一步分析

在湿试验中所采用的微物理方案为WSM6方案，其能显式地模拟出六种湿物质以及云冰的凝华/升华，雪的凝华/升华，云水的凝结/蒸发等多种微物理过程。

图9.7给出了当前的湿试验中，$t=5$ d时，由最重要的几个微物理过程造成的纬向平均的潜热加热率的垂直剖面。这里$t=5$ d对应非绝热加热影响最强时刻。从图中可以看出，在对流高层，潜热释放主要是云冰（图9.7b）和云雪（图9.7c）的凝华增长造成的，尤其是前者的作用更显著；而在较低层，其主要是由云水的凝结造成的（图9.7d）。云冰的凝华增长造成的潜热加热率峰值位于7.5 km左右，且最大值达到1.7 K/(3 h)。图9.8给出了与不同微物理过程造成的潜热加热相关的非绝热贡献项。其结果表明了冷云过程尤其是云冰的凝华增长对对流层高层能量谱的重要性。

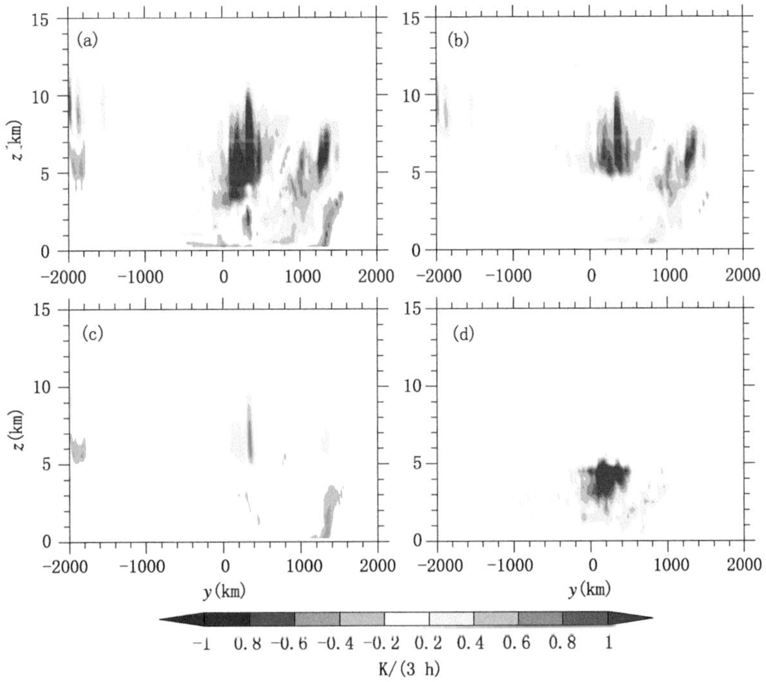

图9.7　对应$t=5$ d，纬向平均的潜热加热率（单位，K/(3 h)）的垂直剖面。彩色阴影表示(a)微物理过程造成总的潜热加热率；(b)云冰的凝华/升华造成的潜热加热率；(c)云雪的凝华/升华造成的潜热加热率；(d)云水的凝结/蒸发造成的潜热加热率

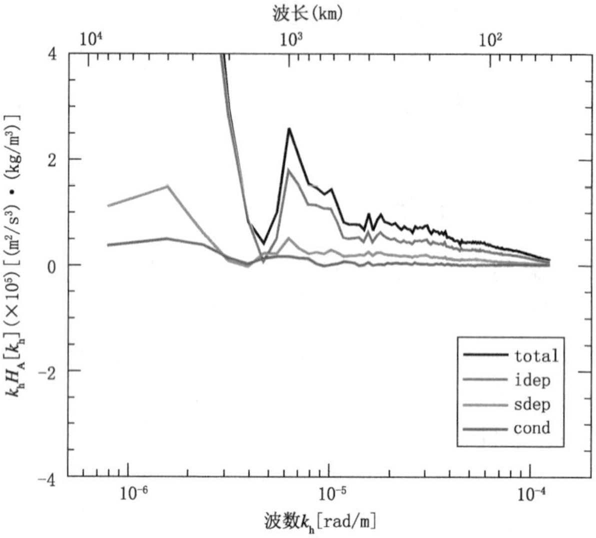

图 9.8　与图 9.7 中最重要的几种微物理过程所造成的潜热加热相对应的非绝热贡献的水平波数谱。其他细节同图 9.3

9.6　绝热非保守项和三维散度项

图 9.9 给出了不同试验中三维散度项和绝热非保守项的平均水平波数谱。需要注意的是，图 9.9 中垂直坐标轴的范围只是图 9.3 中的四分之一，这表明了这些项的贡献在一定程度上小于以上讨论的项。为了方便对比，绝热非保守项 $J_A(\boldsymbol{k})$ 可分解为两项：$J_A(\boldsymbol{k})=J_{A1}(\boldsymbol{k})+J_{A2}(\boldsymbol{k})$，其中 $J_{A1}(\boldsymbol{k})=-F_{A\uparrow}(k)\partial_z\ln\bar{\rho}_d$，$J_{A2}(\boldsymbol{k})=-F_{A\uparrow}(\boldsymbol{k})\partial_z\ln\gamma$。

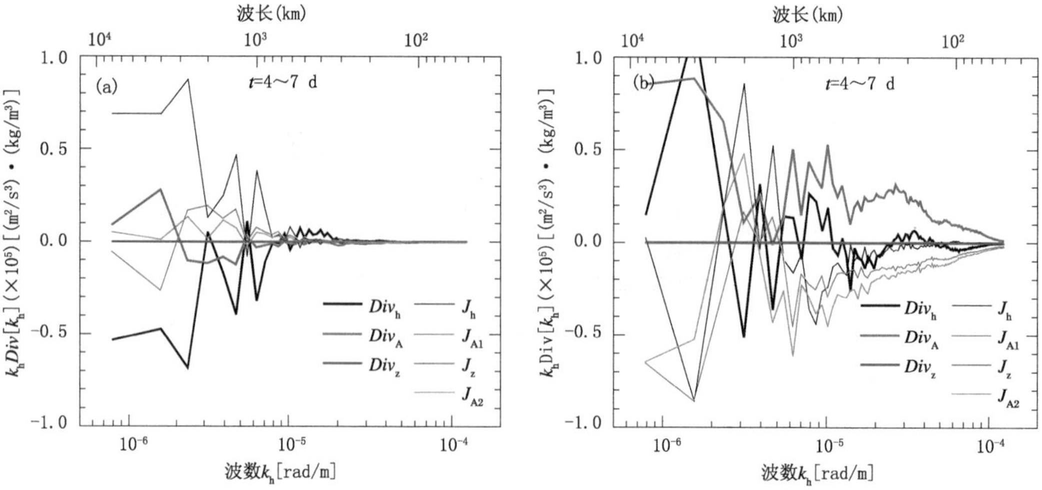

图 9.9　不同试验中三维散度项和绝热非保守项的水平波数谱。这些谱同样是在垂直方向上沿 5 km ≤ z ≤ 10 km 平均且在时间上沿 4 d ≤ t ≤ 7 d 平均的。其他细节同图 9.3

(a. 干试验；b. 湿试验)

对于干试验（图 9.9a），在大于 500 km 左右的所有尺度上，$Div_h[k_h]$（粗黑线）和 $J_h[k_h]$（细黑线）均很小，且大小相当，但符号相反；这说明二者的作用是相互抵消的，且 $Div_A[k_h]$（粗红线）和 $J_{A1}[k_h]$（细红线）的作用也相互抵消。在尺度小于 500 km 的范围上，可以发现相似的抵消特征，但是这些项之间抵消的程度变得稍弱一点。对于湿试验（图 9.9b），这些项的值比干试验要大得多，尤其是在中尺度范围上。这说明在中尺度上，湿过程显著增强了对流层高层的三维散度。不过，这些项之间依然存在着与干试验中一样的相似抵消关系。由于相互抵消作用，这些项的合贡献依然是可以忽略不计的。

为了进一步弄清楚隐藏在这些抵消关系后面的物理原因，考虑以下关系：

$$Div_h(\boldsymbol{k}) + J_h(\boldsymbol{k}) = (\boldsymbol{u}, \boldsymbol{u}\nabla_3 \cdot (\bar{\rho}_d v))_{\boldsymbol{k}}/2 \tag{9.8}$$

和

$$Div_A(\boldsymbol{k}) + J_{A1}(\boldsymbol{k}) = \gamma(\theta'_m, \theta'_m \nabla_3 \cdot (\bar{\rho}_d \boldsymbol{v}))_{\boldsymbol{k}}/2 \tag{9.9}$$

式中，$\nabla_3 = (\nabla, \partial_z)$，$\boldsymbol{v} = (\boldsymbol{u}, w)$。因此，$Div_h[k_h]$ 和 $J_h[k_h]$、$Div_A[k_h]$ 和 $J_{A1}[k_h]$ 之间抵消关系的存在，说明有下式成立：

$$\nabla_3 \cdot (\bar{\rho}_d \boldsymbol{v}) = 0 \tag{9.10}$$

也就是说，对流层高层中的运动在很大程度上受到滞弹性近似的约束，且这一约束在较大尺度上是更精确的。

此外，还有另外一个绝热非保守项 $J_{A2}[k_h]$ 作用在有效位能收支上。在湿试验中，与其他物理过程例如能量串级和转化相比，其对中尺度的有效位能有着相对弱的负贡献。

9.7　净直接强迫与能量串级的比较

为了评估对流层高层中尺度能量在多大程度上被直接加强，进一步定量分析了净的直接强迫（net direct forcing，简称 NDF）。这里，净直接强迫定义为除了非线性转移项和耗散项外的其他所有项之和。对于谱收支来说，净直接强迫谱是通过相应的谱收支方程得到。例如，对于水平动能的谱收支，其净直接强迫谱定义为：

$$\mathrm{NDF}_h[k_h] = \partial_z F_{h\uparrow}[k_h] + \partial_z F_{p\uparrow}[k_h] + C_{A\to h}[k_h] + H_h[k_h] + Div_h[k_h] + J_h[k_h] \tag{9.11}$$

其他形式能量的净直接强迫谱计算方式相似。图 9.10 中绿线为干试验和湿试验中水平动能和有效位能的净直接强迫的中尺度能量谱。同样地，这些谱也是在垂直方向沿 $5\ \mathrm{km} \leqslant z \leqslant 10\ \mathrm{km}$ 平均且在时间上沿 $4\ \mathrm{d} \leqslant t \leqslant 7\ \mathrm{d}$ 平均的结果。

对于干试验，如前所述，对流层高层的中尺度水平位能谱的直接强迫主要源于负的 $C_{A\to h}[k_h]$（即水平动能转化为有效位能）、正的 $\partial_z F_{h\uparrow}[k_h]$ 和正的 $\partial_z F_{p\uparrow}[k_h]$。因此，相应的净直接强迫（图 10a 中绿线）在波长小于 800 km 上为正，而在更大尺度上数次穿过零线。对于中尺度有效位能，除了来自于水平动能的转化的显著正强迫，还有一个显著的负强迫项，即 $\partial_z F_{A\uparrow}[k_h]$，导致其净直接强迫（图 9.10b 中绿线）在尺度小于 1000 km 的范围上为负，而在中尺度范围的其他尺度上为正。

对于湿试验，中尺度水平动能谱的直接强迫同样主要源于 $C_{A\to h}[k_h]$、$\partial_z F_{h\uparrow}[k_h]$ 和 $\partial_z F_{p\uparrow}[k_h]$。但是，这些项的贡献在大小和符号上与干试验中的是非常不同的，尤其是在中尺度范围的小尺度端。因此，相应的净直接强迫（图 9.10c 中绿线）要比干试验中显著得多。在中尺度范围的大尺度端上，非常大的正净直接强迫主要归因于 $C_{A\to h}[k_h]$ 和 $\partial_z F_{h\uparrow}[k_h]$ 的正贡献，尤其是前者。而在更小尺度上，$C_{A\to h}[k_h]$ 的正贡献在很大程度上被 $\partial_z F_{h\uparrow}[k_h]$ 和 $\partial_z F_{p\uparrow}[k_h]$ 的负贡献所抵消，导致其净直接强迫相对较小。湿过程释放的潜热对中尺度有效位能有着显著的正贡献，但潜热的释放会改变修改的位温扰动且增强垂直对流，这两者导致了一个更强的转换，即从中尺度有效位能转换为其他形式的能量，包括动能和湿重力能。因此，如图 9.10d 中绿线所示，除了最大尺度 2000 km 附近外，有效位能谱的净直接强迫几乎在整个中尺度范围上都是负的。

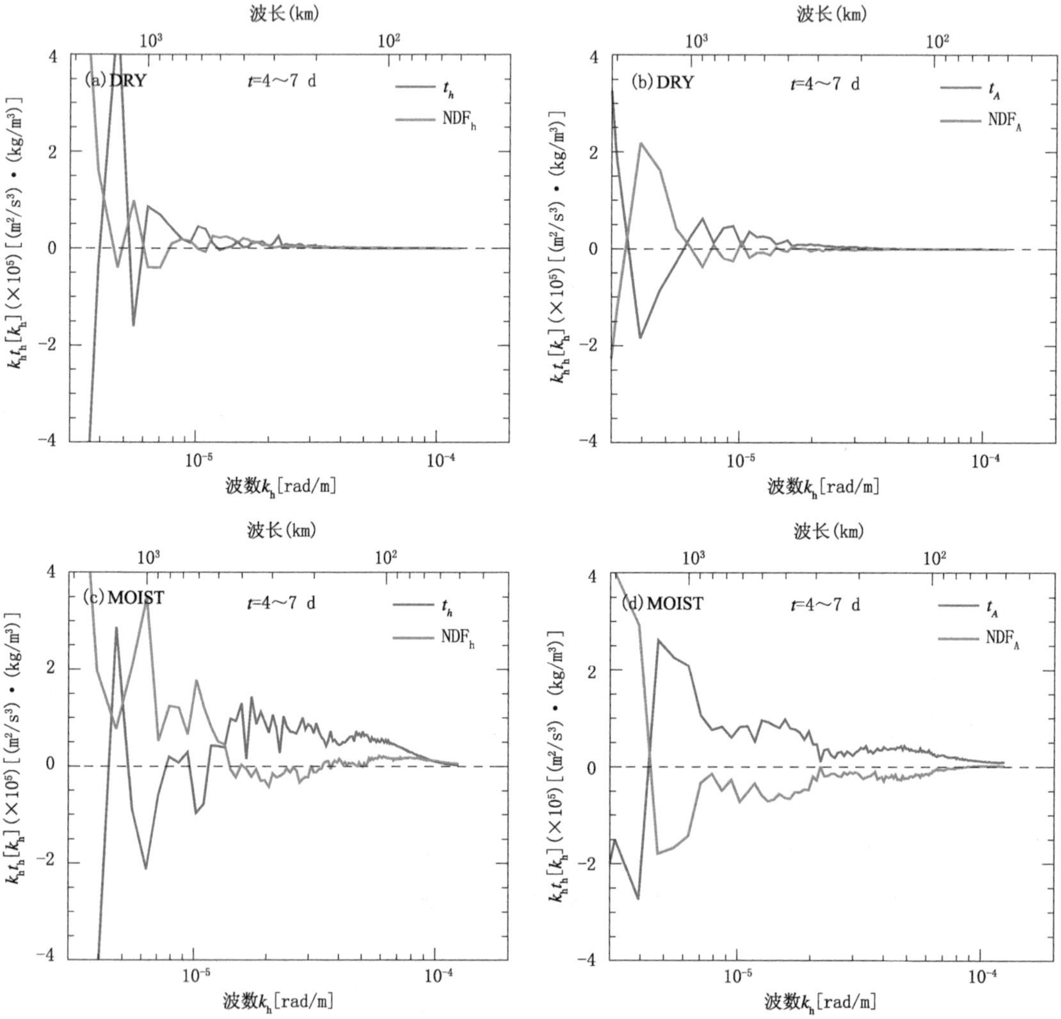

图 9.10　不同试验中，分别在（a、c）水平动能谱收支和（b、d）有效位能谱收支中的非线性项和净直接强迫项的水平波数谱。图中只给出了相应于波长小于 2000 km 的中尺度范围。其他细节同图 9.3（a、b. 干试验；c、d. 湿试验）

在图 9.10 中还给出了非线性项（红线）的中尺度谱。总的来看，无论是在水平动能谱收支中还是有效位能谱收支中，也无论是对于干试验还是湿试验，在大部分中尺度范围上，非线性项（即非线性谱通量的梯度，红色）和净直接强迫在大小上是相当的，而符号上是相反的。毋庸置疑，这说明了在中尺度上净直接强迫与能量串级具有同等重要性，因此基于纯串级的湍流惯性理论显然是不适用于大气的。对比干试验（图 9.10a 和 9.10b）和湿试验（图 9.10c 和 9.10d），可以看到湿过程既增强了对流层高层中尺度上的降尺度串级也增强了其上的净直接强迫。尽管湿过程通过释放潜热直接向对流层高层的中尺度注入许多能量，但是相应的净直接强迫并不总是正的。湿试验中，在波长大于 500 km 的尺度上，对流层高层中尺度的水平动能谱（图 9.10c）由增强的净直接强迫加强，而被增强的降尺度串级减弱；在较小尺度上，其主要由增强的降尺度串级加强。另一方面，对流层高层的有效位能谱（图 9.10d），在整个中尺度范围上，由增强的降尺度串级加强，而被增强的 NDF 减弱。

9.8　小结

本章是湿斜压波中尺度能量谱动力学机理研究的第二部分。在这一章中，基于新发展的非静力湿大气能量谱收支方程，研究了理想斜压波系统中对流层高层中尺度能量谱形成的动力学机理。通过对能量谱收支的详细分析，可以归纳如下结论。

（1）通过计算保守的非线性谱通量精确地评估了能量串级。结果表明，包含湿过程同时加强了对流层高层中尺度上的水平动能降尺度串级和有效位能降尺度串级，这一结果证实了 Waite 和 Snyder（2013）提出的机制一。包含湿过程也改变了有效位能和水平动能之间在中尺度范围上的转换方向，在干试验中，中尺度转换是从水平动能到有效位能；而在湿试验中，其是从有效位能到水平动能。此外，包含湿过程还增加了一个次级转换过程，即有效位能向湿重力能的转换。

（2）无论是在干试验还是湿试验中，与产生于对流层低层的重力惯性波的垂直传播相关的向上气压垂直通量，在中尺度范围的大尺度端对对流层高层的水平动能有着显著的正贡献。而包含湿过程增加了额外的重力惯性波源，其位于对流层高层，且由对流激发；对流产生的重力惯性波的向上传播会输送大量的水平动能到平流层低层。

（3）湿过程不仅表现为潜热加热源，还表现为大气“减湿器”。潜热加热对中尺度有效位能有着显著的正贡献，且峰值位于中尺度的大尺度端，这一结果与 Waite 和 Snyder（2013）的发现一致。然而，减湿效应在所有中尺度上削弱了潜热加热的非绝热贡献的 15%。这说明了忽略湿过程的减湿效应会在一定程度上高估湿过程的作用。

（4）定量研究了不同微物理过程对中尺度能量谱的贡献，结果表明冷云过程尤其是云冰的凝华增长是最重要的。

（5）对流层高层一定程度上受到滞弹性近似的制约，三维散度项对其中尺度能量谱没有显著的贡献，这一情形与平流层低层不同，在平流层低层三维散度对中尺度有效位能谱有着显著的贡献。

（6）对比分析净直接强迫和非线性项，发现无论是在干试验中还是湿试验中，在中尺度范围上净直接强迫与能量串级具有同等重要性。湿过程加强了对流层高层中尺度范围上的净直接强迫，但是加强的净直接强迫并不总是增强所有中尺度上的能量，这不同于 Waite 和 Snyder（2013）所提出的机制二。

第 10 章　全书总结

基于非静力可压缩湿大气运动控制方程组，利用理论推导、数值试验和诊断分析的方法，研究了非静力湿大气中尺度能量谱的动力学机理。全书主要内容分为三个部分：第一部分为基础理论研究。首先，基于修改的位温，改进了非静力湿大气运动控制方程组，推导了其扰动形式，得到了湿假不可压缩控制方程组；然后，基于这些方程组分别发展了湿位涡理论、湿有效能量理论以及非静力湿大气能量谱收支方程。第二、三部分为基础理论的应用。第二部分，首先，基于 WRF 模式设计和模拟了理想的梅雨锋系统；然后，基于高分辨率的模拟结果分析了梅雨锋系统的动能谱和湿有效位能谱及其演变特征；最后，基于新发展的非静力湿大气能量谱收支方程，诊断研究了梅雨锋系统中尺度能量谱形成的动力学机理。第三部分，首先，基于 WRF 模式对理想的湿斜压波系统进行了改进和模拟；然后，基于高分辨率的模拟结果诊断研究了湿斜压波系统的动能谱和湿有效位能谱及其动力学形成机理。主要结论如下。

10.1　非静力湿大气基础理论研究

(1)非静力湿大气运动控制方程组、控制方程组的扰动形式及湿假不可压缩控制方程组

基于修改的位温 (θ_m) 和干空气密度 (ρ_d)，改进了非静力湿大气运动的控制方程组；推导了相应的扰动控制方程组；得到了一般湿大气的假不可压缩方程组。结果表明，对于一般非静力湿大气，引入变量 θ_m 具有两个独特的优点：1) 湿空气的状态完全由 ρ_d 和 θ_m 两个变量决定，而水汽的作用则完全体现在 θ_m 中；2) 干空气质量具有保守性，以干空气密度 (ρ_d) 作为状态变量，将会使得预报方程的求解变得方便。这些方程组构成了非静力湿大气理论研究的基础。

(2)改进的湿位涡理论

基于干空气密度 (ρ_d) 和修改的位温 (θ_m) 定义了改进湿位涡(MMPV)，并推导了其倾向方程。改进的湿位涡不仅在表达形式上保持了虚温位涡的简洁，而且在一定条件下保持了位涡的基本性质，即保守性、不可渗透性以及可反演原则。更重要的是，其相应位涡倾向方程能够显式地体现各种非保守物理过程对大气的作用。改进湿位涡的倾向方程反映出湿物质对湿位涡演变的影响体现在两个方面：1)湿物理过程所伴随的水汽相变、潜热加热和水汽质量强迫的作用；2)湿物质的空间分布所造成的螺旋项作用。因此，利用改进的湿位涡及其位涡倾向方程讨论潜热加热、湿物质梯度对天气系统演变的作用更为方便。实际个例的诊断分析表明，改进湿位涡与降水的水平分布有着显著的相关，意味着其可以作为一个精确的降水指示量。

(3)非静力湿大气局地有效能量理论

基于修改的位温，给出了具有正定性质的湿有效位能的表达式，并定义了具有正定性质的有效弹性能，二者之和构成了湿大气有效能量。在非静力可压缩湿大气的局地能量循环中，非

绝热加热(如潜热加热)可以产生湿有效能量,而湿有效能量一部分用于产生动能,一部分用于抬升水汽至其凝结高度形成降水,导致了湿物质重力势能的增加。其中,湿有效位能通过浮力项转化为垂直动能;垂直动能通过垂直扰动气压梯度项转化为有效弹性能;而有效弹性能通过水平辐合辐散项转化为水平动能。此外,还存在两个绝热非保守过程,其分别作用在有效位能和有效弹性能上。在合适的大气参考态下,相比于有效能量与动能之间的转换,这两个过程可以忽略不计。在理想斜压大气中的应用表明:基于标准大气拟合得到的参考态比等温参考态更适合于局地有效能量分析。

从能量收支和循环的角度看,大气中的湿物质以三种不同的方式影响着有效能量循环。首先,水汽非均匀分布的影响,这体现在局地湿有效位能的表达式中包含了水汽分布;其次,水相变的影响,这体现在局地湿有效位能的变化必须同时考虑湿对流作为潜热加热源和大气"减湿器"的双重作用;最后,湿物质本身具有重力势能,增加的湿物质重力势能在与降水相关的过程中耗散掉。

(4)非静力湿大气能量谱收支方程

基于湿假不可压缩近似,推导了适合非静力湿大气的能量谱收支方程。与已有的能量谱收支方程相比,该方程有四点主要的改进:1) 将 Lorenz 有效位能的概念拓展到一般湿大气中;2) 同时考虑了水汽和水汽凝结物的作用;3) 建立在非静力框架之上;4) 垂直通量项和三维散度项与不同尺度间的谱转移项(即能量串级项)精确分离开来。

10.2 理想梅雨锋系统中尺度能量谱动力学机理研究

(1)理想梅雨锋系统中尺度动能谱

基于高分辨率的理想数值模拟试验,研究了梅雨锋系统的动能谱特征。梅雨锋系统成熟期,在对流层高层和平流层低层,大气动能谱在中尺度范围上表现出明显的谱转折特征:在[400 km,1000 km] 尺度范围上,动能谱随波数近似按 -3 幂指数分布,而过渡到较小尺度[40 km,400 km]上,动能谱斜率变得平缓,其斜率接近 $-5/3$。在波长大于 500 km 波段上,涡旋动能的强度比散度动能大一个量级,而在较小的波长范围上,涡旋动能谱和散度动能谱的量级相当且几乎具有同等平缓程度,二者共同造成了总动能谱的转折。对于梅雨锋系统,中尺度动能谱转折尺度大约为 400 km。

敏感性试验清晰地表明,深对流过程及其所伴随的潜热对于梅雨锋系统中尺度动能谱的形成和维持有着重要的作用,尤其是中尺度范围动能 $-5/3$ 谱的特征。如果人为关闭潜热,大约 12 h,大气动能谱的转折特征消失,尤其是在对流层高层潜热的这种作用更明显。

动能谱收支分析表明:动能的收支主要依赖于非线性平流项、浮力通量项和气压梯度项。在对流层高层,潜热直接加热区域,中尺度动能主要由浮力通量项增加,而气压通量散度和非线性作用使中尺度动能减少;在梅雨锋成熟期,浮力通量项在整个中尺度区域都表现为正贡献,且在 300 km 尺度附近存在明显的极值,这表明了在中尺度谱段上存在明显的直接动能注入。在平流层低层,中尺度动能增加主要是由气压通量散度项和非线性项完成,而浮力通量项则表现出减小中尺度动能的作用。这说明了对流层高层中尺度动能谱的形成与深对流释放潜热的直接加热有关,而平流层低层动能谱的形成与强对流激发重力惯性波的垂直传播有关。

(2)理想梅雨锋系统中尺度湿有效位能谱

梅雨锋系统的湿有效位能谱表现出与其水平动能谱几乎相同的谱斜率和谱转折特征。与水平动能谱的行为相似,关掉潜热作用,大约12h以后湿有效位能谱也不再表现出明显的中尺度谱转折特征。这意味着潜热加热产生的湿有效位能,部分用来维持中尺度湿有效位能的−5/3谱斜率,部分转换为动能用来维持中尺度水平动能的−5/3谱斜率。

不同高度层上湿有效位能谱收支诊断表明:在对流层高层,中尺度的湿有效位能主要由潜热加热项产生,随后转换为同一波数上的其他形式能量。在波长大于400 km的尺度上,湿有效位能向水平动能的转换占主导;在波长小于400 km的尺度上,湿有效位能主要用来增加湿物质的重力势能,只有较少部分转换为水平动能,但这个次级转换已经足以维持中尺度水平动能谱的−5/3斜率。另外,非线性项对湿有效位能也有显著的正贡献。在平流层低层,中尺度湿有效位能主要源于水平动能的转换。

10.3　理想斜压波系统中尺度能量谱动力学机理研究

(1)湿斜压波系统平流层低层中尺度能量谱

对比分析干、湿斜压波系统模拟结果发现:湿过程显著加强了平流层低层的中尺度能量谱,包括水平动能谱、垂直动能谱和有效位能谱;且散度动能谱和涡旋动能谱表现出对湿过程同等程度的依赖性。

在干斜压波系统中,平流层低层的中尺度主要受到弱的水平动能和有效位能的降尺度能量串级和弱的有效位能向水平动能的转换的强迫。在波长小于1000 km的尺度范围上,气压垂直通量散度对水平动能有显著的正贡献;不过,此正贡献在很大程度上被水平动能垂直通量散度的负贡献抵消。

在湿斜压波系统中,平流层低层的中尺度水平动能主要由气压垂直通量散度和水平动能垂直通量散度产生;增加的中尺度水平动能一部分升尺度串级到天气尺度,一部分转换为中尺度有效位能,一部分被耗散移除。平流层低层的中尺度有效位能主要源自中尺度水平动能的转换和三维散度项的作用,在这两个显著的中尺度有效位能源的作用下,平流层低层的中尺度出现了更强的升尺度有效位能串级过程。以上这些结果表明,实际大气中中尺度范围上降尺度和升尺度能量串级都是存在的,且中尺度上直接的强迫足以滋养升尺度能量串级。

干、湿斜压波系统之间能量谱收支的差异清楚地表明:湿过程能够改变平流层低层中尺度上水平动能和有效位能之间转换的方向,也能够改变平流层低层中尺度上水平动能和有效位能串级的方向;湿过程增强了对流运动本身,对流可激发重力惯性波,两者对平流层低层中尺度水平动能都有显著的直接强迫作用;同时,通过三维散度项的强迫作用,湿过程还对平流层低层中尺度有效位能有显著的正贡献。

(2)湿斜压波系统对流层高层中尺度能量谱

基于新发展的非静力湿大气能量谱收支公式,研究了理想湿斜压波系统对流层高层中尺度能量谱的动力学形成机理。

包含湿过程显著增强了对流层高层中尺度上的水平动能和有效位能降尺度串级;包含湿过程也改变了中尺度上能量的转换方向:在干试验中,中尺度转换是从水平动能到有效位能;

而在湿试验中，其是从有效位能到水平动能；此外，考虑湿过程后，除有效位能和动能之间的转换过程外，还增加了有效位能向湿物质重力势能的转换过程。

湿过程不仅表现为潜热加热源，还表现为大气“减湿器”。潜热加热对中尺度有效位能有显著的正贡献，且峰值位于中尺度谱区的较大尺度端。然而，在整个中尺度谱区，减湿效应削弱了潜热加热的非绝热贡献的 15%。定量研究不同微物理过程对中尺度能量谱的贡献发现：冷云过程尤其是云冰的凝华增长是最重要的。

无论是在干斜压波还是湿斜压波系统中，产生于对流层低层的重力惯性波的垂直传播，对对流层高层中尺度谱区较大尺度端上的水平动能有着显著的正贡献。而包含湿过程增加了额外的重力惯性波源，其位于对流层高层，且由对流激发；对流产生的重力惯性波的向上传播会输送大量的水平动能到平流层低层。

参考文献

安洁,2008.大气波谱分析及其不稳定.第一卷 二维旋转层结大气中的扰动[M].北京:气象出版社.

高守亭,2007.大气中尺度运动的动力学基础及预报方法[M].北京:气象出版社.

高守亭,刘璐,李娜,2013.近年来中尺度动力学研究进展[J].大气科学,**37**(2):319-330.

雷雨顺,吴宝俊,吴正华,1978.用不稳定能量理论分析和预报夏季强风暴的一种方法[J].大气科学,**2**(4):297-306.

李建平,高丽,2006.扰动位能理论及其应用——扰动位能的概念、表达及其时空结构[J].大气科学,**30**(5):834-848.

罗连升,杨修群,2003.从有效位能变化来分析 El Niño 的年代际变化[J].气象科学,**23**(1):1-11.

陶诗言,1963.中国夏季副热带天气系统若干问题的研究[M].北京:科学出版社,59-105.

汪雷,李建平,郭彦,2012.大气分层扰动位能控制方程及其应用——南海夏季风活动的能量收支[J].大气科学,**36**(4),769-783.

王文,陈志勇,陆怀平,2003.中尺度动力学的基础研究和进展[J].干旱气象,**21**(3):79-83.

王兴荣,吴可军,石春娥,1999.凝结几率函数的引进和非均匀饱和湿空气动力学方程组[J].气象学报,**15**:64-69.

谢义炳,1956.中国夏半年集中降水天气系统的分析研究[J].气象学报,**27**(1):1-23.

曾庆存,1979.数值天气预报的数学物理基础[M].第一卷.北京:科学出版社,329-337.

张铭,张立凤,朱敏,2008a.大气波谱分析及其不稳定.第二卷 球面大气上的扰动和亚洲夏季风爆发动力学[M].北京:气象出版社.

张铭,张立凤,朱敏,2008b.大气波谱分析及其不稳定.第三卷 热带气旋中的扰动[M].北京:气象出版社.

张铭,张立凤,朱敏,2008c.大气波谱分析及其不稳定.第四卷 雨团与位势稳定度的研究[M].北京:气象出版社.

张苏平,李春等.2006.一次北方台风暴雨(9406)能量特征分析[J].大气科学,**30**(4):645-659.

赵玉春,王叶红,崔春光,2011.一次典型梅雨锋暴雨过程的多尺度结构特征[J].大气科学学报,**34**(1):14-27.

郑永骏,金之雁,陈德辉,2008.半隐式半拉格朗日动力框架的动能谱分析[J].气象学报,**66**(2):143-157.

Achatz U, Klein R, Senf F, 2010. Gravity waves, scale asymptotics, and the pseudo incompressible equations [J]. *J. Fluid Mech.*, **663**:120-147.

Andrews D G, 1981. A note on potential energy density in a stratified compressible fluid[J]. *J. Fluid Mech.*,(107):227-236.

Andrews D G, 2000. An Introduction to Atmospheric Physics[M]. New York: Cambridge Univ. Press.

Augier P, Lindborg E, 2013. A new formulation of the spectral energy budget of the atmosphere, with application to two high-resolution general circulation models[J]. *J. Atmos. Sci.*, **70**:2293-2308.

Bacmeister J T, Eckermann S D, Newman P A, et al., 1996. Stratosphere horizontal wavenumber spectra of winds, potential temperature, and atmospheric tracers observed by high altitude aircraft[J]. *J. Geophys. Res.*, **101**:9441-9470.

Bannon P R, 2002. Theoretical foundations for models of moist convection[J]. *J. Atmos. Sci.*, **15**:1967-1982.

Bannon P R, 2005. Eulerian available energetics in moist atmosphere[J]. *J. Atmos. Sci.*, **62**:4238-4252.

Bannon P R, 2012. Atmospheric available energy[J]. *J. Atmos. Sci.*, **69**:3745- 3762.

Bannon P R, 2013. Available energy of geophysical systems[J]. *J. Atmos. Sci.*, **70**:2650- 2654.

Bartello P, 1995. Geostrophic adjustment and inverse cascades in rotating stratified turbulence[J]. *J. Atmos. Sci.*, **52**:4410-4428.

Batchelor G K, 1953. The conditions for dynamical similarity of motions of a frictionless perfect-gas atmosphere[J]. *Quart. J. Roy. Meteor. Soc.*, **79**:224-235.

Bei N, Zhang F, 2007: Impacts of initial condition errors on mesoscale predictability of heavy precipitation along the Mei-Yu front of China[J]. *Quart. J. Roy. Meteor. Soc.*, **133**:83-99.

Bennetts D A, Hoskins B J, 1979. Conditional symmetric instability—A possible explanation for frontal rainbands[J]. *Quart. J. Roy. Meteor. Soc.*, **105**:945-962.

Bierdel L, Friederichs P, Bentzien S, 2012. Spatial kinetic energy spectra in the convection-permitting limited-area NWP model COSMO-DE[J]. *Meteor. Z.*, **21**(3):245-258.

Boer G , Lambert S, 2008. The energy cycle in atmospheric models[J]. *Clim. Dyn.*, **30**:371-390.

Boer G J, 1989. On exact and approximate energy equations in pressure coordinates[J]. *Tellus*, **41**:97-108.

Boer G J, Shepherd T G, 1983. Large-scale two-dimensional turbulence in the atmosphere[J]. *J. Atmos. Sci.*, **40**:164-184.

Brennan M J, Lackmann G M, Mahoney K M, 2008. Potential vorticity (PV) thinking in operations: The utility of nonconservation[J]. *Wea. Forecasting*, **23**:168-182.

Brethouwer G, Billant P, Lindborg E, et al., 2007. Scaling analysis and simulation of strongly stratified turbulent flows[J]. *J. Fluid Mech.*, (585):343-368.

Brune S, Becker E, 2013. Indications of stratified turbulence in a mechanistic GCM[J]. *J. Atmos. Sci.*, **70**: 231-247.

Cao Z, Cho H R, 1995. Generation of moist potential vorticity in extratropical cyclones[J]. *J. Atmos. Sci.*, **52**:3263-3281.

Chagnon J M, Gray S L, Methven J, 2012. Diabatic processes modifying potential vorticity in a North Atlantic cyclone[J]. *Quart. J. Roy. Meteor. Soc.*, doi: 10.1002/qj.2037.

Charney J G, 1955. The use of primitive equations of motion in numerical prediction[J]. *Tellus*, **7**:22-26.

Charney J G, 1971. Geostrophic turbulence[J]. *J. Atmos. Sci.*, **28**:1087-1095.

Chen G T J, Chang C P, 1980. The structure and vorticity budget of an early summer monsoon trough (Mei-Yu) over southeastern China and Japan[J]. *Mon. Wea. Rev.*, **108**:942-953.

Chen G T J, Wang C C, Liu S C S, 2003. Potential vorticity diagnostics of a Mei-Yu front case[J]. *Mon. Wea. Rev.*, **131**:2680-2696.

Cho H R, Chen G T J, 1995. Mei-Yu frontogenesis[J]. *J. Atmos. Sci.*, **52**:2109-2120.

Cho H, Cao Z, 1998. Generation of moist vorticity in extratropical cyclones. Part II: Sensitivity to moisture distribution[J]. *J. Atmos. Sci.*, **55**:595- 610.

Cho J Y N, Lindborg E, 2001. Horizontal velocity structure functions in the upper troposphere and lower stratosphere: 1. Observations[J]. *J. Geophys. Res.*, **106**(D10):10223-10232.

Cho J Y N, Zhu Y, Newell R E, et al., 1999. Horizontal wavenumber spectra of winds, temperature, and trace gases during the Pacific Exploratory Missions: 1. Climatology[J]. *J. Geophys. Res.*, **104**: 5697-5716.

COESA 1976. U.S. Standard Atmosphere, 1976. U.S. Government Printing Office, 227 pp.

Crook N A, 1987. Moist convection at a surface cold front[J]. *J. Atmos. Sci.*, **44**:3469-3494.

Davidson P A, 2004. Turbulence: An Introduction for Scientists and Engineers[M]. Oxford University

Press, 678pp.

Davies H C, Schär C, Wernli H, 1991: The palette of fronts and cyclones within a baroclinic wave development[J]. *J. Atmos. Sci.*, **48**:1666-1689.

Davis C A, 2010. Simulations of subtropical cyclones in a baroclinic channel model[J]. *J. Atmos. Sci.*, **67**: 2871-2892.

Denis B, Côté J, Laprise R, 2002. Spectral decomposition of two-dimensional atmospheric fields on limited-area domains using the discrete cosine transform (DCT)[J]. *Mon. Wea. Rev.*, **130**:1812-1829.

Dewan E M, 1979. Stratospheric wave spectra resembling turbulence[J]. *Science*, **204**:832-835.

Ding Y H, 1992. Summer monsoon rainfalls in China[J]. *J. Meteor. Soc. Japan*, **70**:337-396.

Dudhia J, 1993. A nonhydrostatic version of the Penn State-NCAR mesoscale model: validation tests and simulation of an Atlantic cyclone and cold front[J]. *Mon. Wea. Rev.*, **121**:1493-1513.

Durran D R, 1989. Improving the anelastic approximation[J]. *J. Atmos. Sci.*, **46**:1453-1461.

Dutton J A, Fichtl G H, 1969. Approximate equations of motion for gases and liquids[J]. *J. Atmos. Sci.*, **26**:241-254.

Emanuel K A, 1979. Inertial instability and mesoscale convective systems. Part I: Linear theory of inertial instability in rotating viscous fluids[J]. *J. Atmos. Sci.*, **36**:2425-2449.

Emanuel K A, 1983. The Lagrangian parcel dynamics of moist symmetric instability[J]. *J. Atmos. Sci.*, **40**: 2368-2376.

Emanuel K A, 1988. Observational evidence of slantwise convective adjustment[J]. *Mon. Wea. Rev.*, **116**: 1805-1816.

Errico R M, 1985. Spectra computed from a limited-area grid[J]. *Mon. Wea. Rev.*, **113**:1554-1562.

Ertel H, 1942. Ein neuer hydrodynamischer Wirbelsatz[J]. *Meteor. Z.*, **6**:277-281.

Falkovich G, 1992. Inverse cascade and wave condensate in mesoscale atmospheric turbulence[J]. *Phys. Rev. Lett.*, **69**(22):3173-3176.

Fjørtoft R, 1953. On the changes in the spectral distribution of kinetic energy for twodimensional, nondivergent flow[J]. *Tellus*, **5**(3):225-230.

Gage K S, 1979. Evidence for a $k^{-5/3}$ law inertial range in mesoscale two-dimensional turbulence[J]. *J. Atmos. Sci.*, **36**:1950-1954.

Gage K S, Nastrom G D, 1986. Theoretical interpretation of atmospheric wavenumber spectra of wind and temperature observed by commercial aircraft during GASP[J]. *J. Atmos. Sci.*, **43**:729-740.

Gao S, Wang X, Zhou Y, 2004. Generation of generalized moist potential vorticity in a frictionless and moist adiabatic flow[J]. *Geophys. Res. Lett.* **31**, L12113, doi: 10.1029/2003GL019152.

Gkioulekas E, Tung K K, 2005a. On the double cascades of energy and enstrophy in two dimensional turbulence. Part 1. Theoretical formulation[J]. *Discrete Contin. Dyn. Syst.*, 5B, 79-102.

Gkioulekas E, Tung K K, 2005b. On the double cascades of energy and enstrophy in two dimensional turbulence. Part 2. Approach to the KLB limit and interpretation of experimental evidence[J]. *Discrete Contin. Dyn. Syst.*, 5B:103-124.

Gkioulekas E, Tung K K, 2007. A new proof on net upscale energy cascade in two-dimensional and quasi-geostrophic turbulence[J]. *J. Fluid. Mech.*, **576**:173-189.

Goody R, 2003. On the mechanical efficiency of deep, tropical convection [J]. *J. Atmos. Sci.*, **60**: 2827-2832.

Hamilton K, Takahashi Y O, Ohfuchi W, 2008. The mesoscale spectrum of atmospheric motions investigated in a very fine resolution global general circulation model[J]. *J. Geophys. Res.*, **113**, D18110, doi:10.

1029/2008JD009785.

Herring J R, Métais O, 1989. Numerical experiments in forced stably stratified turbulence[J]. *J. Fluid Mech.*, **202**: 97-115.

Holliday D, McIntyre M E, 1981. On potential energy density in an incompressible, stratified fluid[J]. *J. Fluid Mech.*, **107**:221-25.

Hong S Y, Lim J O J, 2006. The WRF Single-Moment 6-Class Microphysics Scheme (WSM6)[J]. *J. Korean Meteor. Soc.*, **42**:129-151.

Janjic Z I, 1994. The step-mountain eta coordinate model: Further developments of the convection, viscous sublayer, and turbulence closure schemes[J]. *Mon. Wea. Rev.*, **122**:927-945.

Johnson R H, Ciesielski P E, 2002. Characteristics of the 1998 summer monsoon onset over the northern South China Sea[J]. *J. Meteor. Soc. Japan*, **80**:561-578.

Kessler E, 1969. On the distribution and continuity of water substance in the atmosphere circulations[J]. *Meteor. Monogr.*, No. 32, Amer. Meteor. Soc., 246pp.

Kawashima M, 2007. Numerical study of precipitation core-gap structure along cold fronts[J]. *J. Atmos. Sci.*, **64**:2355-2377.

Kitamura Y, Matsuda Y, 2006. The k^{-3} and $k^{-5/3}$ energy spectra in stratified turbulence[J]. *Geophys. Res. Lett.*, **33**, L05809, doi:10.1029/2005GL024996.

Klein P, Hua B L, Lapeyre G, et al., 2008. Upper ocean turbulence from high-resolution 3D simulations[J]. *J. Phys. Oceanogr.*, **38**:1748-1763.

Klemp J B, Dudhia J, Hassiotis A D, 2008. An upper gravity-wave absorbing layer for NWP applications[J]. *Mon. Wea. Rev.*, **136**:3987-4004.

Klemp J B. Skamarock W C, Dudhia J, 2007. Conservative split-explicit time integration methods for the compressible nonhydrostatic equations[J]. *Mon. Wea. Rev.*, **135**:2897-2913.

Knievel J C, Bryan G H, Hacker J P, 2007. Explicit numerical diffusion in the WRF model[J]. *Mon. Wea. Rev.*, **135**:3808-3824.

Kolmogorov A N, 1941. The local structure of turbulence in incompressible viscous fluid for very large Reynolds number[J]. *Dok. Akad. Nauk. SSSR*, **30**:301-305.

Koshyk J N, Hamilton K, 2001. The horizontal kinetic energy spectrum and spectral budget simulated by a high-resolution troposphere-stratosphere-mesosphere GCM[J]. *J. Atmos. Sci.*, **58**:329- 348.

Kraichnan R H, 1967. Inertial ranges in two-dimensional turbulence[J]. *Phys. Fluids*, **10**:1417-1423.

Kucharski F, 1997. On the concept of exergy and available potential energy[J]. *Quart. J. Roy. Meteor. Soc.*, **123**:2141-2156.

Kucharski F, 2001. The interpretation of available potential energy as exergy applied to layers of a stratified atmosphere[J]. *Int. J. Exergy*, (1):25-30.

Kuo Y H, Anthes R A, 1982. Numerical simulation of a Mei-Yu system over southeastern Asia[J]. *Pap. Meteor. Res.*, (5):15-36.

Liang Z M, Lu C G, Tollerud E I, 2010. Diagnostic study of generalized moist potential vorticity in a non-uniformly saturated atmosphere with heavy precipitation[J]. *Quart. J. Roy. Meteorol. Soc.*, **136**: 1275-1288.

Lilly D K, 1983. Stratified turbulence and the mesoscale variability of the atmosphere[J]. *J. Atmos. Sci.*, **40**:749-761.

Lilly D K, 1989. Two-dimensional turbulence generated by energy sources at two scales[J]. *J. Atmos. Sci.* **46**:2026-2030.

Lindborg E, 1999. Can the atmospheric kinetic energy spectrum be explained by two-dimensional turbulence? [J]. *J. Fluid Mech.*, **388**:259-288.

Lindborg E, 2005. The effect of rotation on mesoscale energy cascade in the free atmosphere[J]. *Geophys. Res. Lett.*, **32**, L01809, doi: 10.1029/2004GL021319.

Lindborg E, 2006. The energy cascade in a strongly stratified fluid[J]. *J. Fluid Mech.*,(550):207-242.

Lindborg E, 2007. Horizontal wavenumber spectra of vertical vorticity and horizontal divergence in the upper troposphere and lower stratosphere[J]. *J. Atmos. Sci.*, **64**:1017-1025.

Lindborg E, 2009. Two comments on the surface quasigeostrophic model for the atmospheric energy spectrum [J]. *J. Atmos. Sci.*, **66**:1069-1072.

Lindborg E, Brethouwer G, 2007. Stratified turbulence forced in rotational and divergent modes[J]. *J. Fluid Mech.*, (586):83-108.

Lindborg E, Cho J Y N, 2001. Horizontal velocity structure functions in the upper troposphere and lower stratosphere. 2. Theoretical considerations[J]. *J. Geophys. Res.*, **106**:10233-10241.

Lipps F, Hemler R, 1982. A scale analysis of deep moist convection and some related numerical calculations [J]. *J. Atmos. Sci.*, **29**:2192-2210.

Lorenz E N, 1955. Available potential energy and the maintenance of the general circulation[J]. *Tellus*, **7**: 157-167.

Lorenz E N, 1978. Available energy and the maintenance of a moist circulation[J]. *Tellus*, **30**:15-31.

Margules M, 1910. On the energy of storms[J]. *Smithson. Misc. Collect.*, **51**: 533-595.

Marques C A F, Castanheira J M, 2012. A detailed normal-mode energetics of the general circulation of the atmosphere[J]. *J. Atmos. Sci.*, **69**:2718-2732.

Marquet P, 1991. On the concept of exergy and available enthalpy: Application to atmospheric energetics[J]. *Quart. J. Roy. Meteor. Soc.*, **117**:449-475.

Marquet P, 2013. On the define of a moist-air potential vorticity[J]. *Quart. J. Roy. Meteor. Soc.*, **140**:917-929.

Mchall Y L, 1989. Available equivalent potential energy in moist atmospheres[J]. *Meteor. Atmos. Phy.*, **45**: 113-123.

Mchall Y L, 1990. Generalized available potential energy[J]. *Adv. Atmosph. Sci.*, **7**:395- 408.

Metais O,Bartello P, Garnier E, et al., 1996. Inverse cascaded in stably stratified rotating turbulence[J]. *Dyn. Atmos. Oceans*, **23**:193-203.

Morrison H, Thompson G, Tatarskii V, 2009. Impact of cloud micrpohysics on the development of trailing stratiform precipitation in a simulated squall line:Comparison of one- and two-moment schemes[J]. *Mon. Wea. Rev.*, **137**:991-1007.

Morss R E, Snyder C, Rotunno R, 2009. Spectra, spatial scales, and predictability in a quasigeostrophic model[J]. *J. Atmos. Sci.*, **66**: 3115-3130.

Nastrom G D, Gage K S, 1985. A climatology of atmospheric wavenumber spectra observed by commercial aircraft[J]. *J. Atmos. Sci.*, **42**:950-960.

Ninomiya K, 1984. Characteristics of Baiu front as a predominant subtropical front in the summer northern hemisphere[J]. *J. Meteor. Soc. Japan*, **62**:880-894.

Ninomiya K, 2000. Large- and meso-α-scale characteristics of Mei-Yu/Baiu front associated with intense rainfalls in 1-10 July 1991[J]. *J. Meteor. Soc. Japan*, **78**:141-157.

Noh Y, Cheon W G, Hong S Y, et al., 2003. Improvement of the K-profile model for the planetary boundary layer based on large eddy simulation data[J]. *Bound. -Layer Meteor.*, **107**:401-427.

Ogura Y, Phillips N A, 1962. A scale analysis of deep and shallow convection in the atmosphere[J]. *J. Atmos. Sci.*, **19**:173-179.

Ooyama K V, 1990. A thermodynamic foundation for modeling the moist atmosphere[J]. *J. Atmos. Sci.*, **47**:2580-2593.

Ooyama K V, 2001. A dynamic and thermodynamic foundation for modeling the moist atmosphere with parameterized microphysics[J]. *J. Atmos. Sci.*, **58**:2073-2102.

Orlanski I, Ross B B, 1977. The circulation associated with a cold front. Part I: Dry case[J]. *J. Atmos. Sci.*, **34**:1619-1633.

Pauluis O, 2007. Sources and sinks of available potential energy in a moist atmosphere[J]. *J. Atmos. Sci.*, **64**:2627-2641.

Pauluis O, Held I M, 2002a. Entropy budget of an atmosphere in radiative-convective equilibrium. Part I: Maximum work and frictional dissipation[J]. *J. Atmos. Sci.*, **59**: 140-149.

Pauluis O, Held I M, 2002b. Entropy budget of an atmosphere in radiative-convective equilibrium. Part II: Latent heat transport and moist processes[J]. *J. Atmos. Sci.*, **59**:125-139.

Pauluis O, Balaji V, Held I M, 2000. Frictional dissipation in a precipitating atmosphere[J]. *J. Atmos. Sci.*, **57**:989-994.

Pedlosky J, 1987. Geophysical Fluid Dynamics[M]. Springer-Verlag,710.

Plougonven R, and Snyder C, 2007. Inertia-gravity waves spontaneously generated by jets and fronts. Part I: Different baroclinic life cycles[J]. *J. Atmos. Sci.*, **64**:2502-2520.

Ricard D, Lac C, Riette S, et al., 2012. Kinetic energy spectra characteristics of two convection-permitting limited-area models AROME and Meso-NH[J]. *Quart. J. Roy. Meteor. Soc.*, doi:10.1002/qj.2025.

Riley J J, Debruynkops S M, 2003. Dynamics of turbulence strongly influenced by buoyancy[J]. *Phys. Fluids*, **15**(7):2047-2059.

Rivas Soriano L J, García Diez E L, 1997. Effect of ice on the generation of a generalized potential vorticity [J]. *J. Atmos. Sci.*, **54**:1385-1387.

Ross B B, Orlanski I, 1978. The circulation associated with a cold front. Part II: Moist case[J]. *J. Atmos. Sci.*, **35**:445-465.

Schemm S, Wernli H, Papritz L, 2013. Warm conveyor belts in idealized moist baroclinic wave simulations [J]. *J. Atmos. Sci.*, **70**:627-652.

Schubert W H, 2004. A generalization of Ertel's potential vorticity to a cloudy, precipitating atmosphere[J]. *Meteorologische Zeitschrift*, **13**:465-471.

Schubert W H, Hausman S A, Garcia M, et al., 2001. Potential vorticity in a moist atmosphere[J]. *J. Atmos. Sci.*, **58**:3148-3157.

Seity Y, Brousseau P, Malardel S, et al., 2010. The AROME-France convective-scale operational model[J]. *Mon. Wea. Rev*, **139**: 976-991.

Siegrnund P, 1994. The generation of available potential energy, according to Lorenz's exact and approximate equations[J]. *Tellus*, **46**(5): 566-582.

Skamarock W C, 2004. Evaluating mesoscale NWP models using kinetic energy spectra[J]. *Mon. Wea. Rev.*, **132**:3019-3032.

Skamarock W C, Klemp J B, 2008. A time-split nonhydrostatic atmospheric model for weather research and forecasting applications[J]. *J. Comput. Phys.*, **227**:3465-3485.

Skamarock W C, Klemp J B, Dudhia J, et al., 2008. A description of the Advanced Research WRF Version 3. NCAR Tech. Note NCAR/TN-475+STR, 113.

Skamarock W C, Park S H, Klemp J B, et al., 2014. Atmospheric kinetic energy spectra from global high-resolution nonhydrostatic simulations[J]. *J. Atmos. Sci.*, **71**:4369- 4381.

Smith S A, Fritts D C, Vanzandt T E, 1987. Evidence for a saturated spectrum of atmospheric gravity waves [J]. *J. Atmos. Sci.*, **44**:1404-1410.

Snyder C, Lindzen R S, 1991. Quasigeostrophic wave-CISK in an unbounded baroclinic shear[J]. *J. Atmos. Sci.*, **48**:76-86.

Snyder C, Skamarock W C, Rotunno R, 1993. Frontal dynamics near and following frontal collapse[J]. *J. Atmos. Sci.*, **50**:3194-3211.

Steinheimer M, Hantel M, Bechtold P, 2008. Convection in Lorenz's global energy cycle with the ECMWF model[J]. *Tellus*, **60**:1001-1022.

Steppeler J, Doms G, Schäettler U, et al., 2003. Meso-gamma scale forecasts using the nonhydrostatic model LM[J]. *Meteor. Atmos. Phys.*, **82**:75-96.

Stoelinga M T, 1996. A potential vorticity-based study of the role of diabatic heating and friction in a numerically simulated baroclinic cyclone[J]. *Mon. Wea. Rev.*, **124**:849-874.

Takahashi Y O, Hamilton K, Ohfuchi W, 2006. Explicit global simulations of the mesoscale spectrum of atmospheric motions[J]. *Geophys. Res. Lett.*,**33**, L12812, doi:10. 1029/2006GL026429.

Tan Z, Zhang F, Rotunno R, et al., 2004. Mesoscale predictability of moist baroclinic waves: Experiments with parameterized convection[J]. *J. Atmos. Sci.*, **61**:1794-1804.

Terasaki K, Tanaka H, Satoh M, 2009. Characteristics of the kinetic energy spectrum of NICAM model atmosphere[J]. *SOLA*, **5**:180-183.

Tory K J, Kepert J D, Sippel J A, et al., 2012. On the use of potential vorticity tendency equations for diagnosing atmospheric dynamics in numerical models[J]. *J. Atmos. Sci.*, **69**:942-960.

Tripoli G J, Cotton W R, 1981. The use of ice-liquid water potential temperature as a thermodynamic variable in deep atmospheric models[J]. *Mon. Wea. Rev.*, **109**:1094-1102.

Tulloch R, Smith K S, 2009. Quasigeostrophic turbulence with explicit surface dynamics: Application to the atmospheric energy spectrum[J]. *J. Atmos. Sci.*, **66**:450-467.

Tung K K, Orlando W W, 2003. The k^{-3} and $k^{-5/3}$ energy spectrum of atmospheric turbulence: Quasigeostrophic two-level model simulation[J]. *J. Atmos. Sci.*, **60**:824-835.

Van Mieghem J, 1956. The energy available in the atmosphere for conversion into kinetic energy[J]. *Beitr. Phys. Atmos.*, **29**:129-142.

VanZandt T E, 1982. A universal spectrum of buoyancy waves in the atmosphere[J]. *Geophys. Res. Lett.*, **9**:575-578.

Waite M L, Snyder C, 2009. The mesoscale kinetic energy spectrum of a baroclinic life cycle[J]. *J. Atmos. Sci.*, **66**:883-901.

Waite M L, Snyder C, 2013. Mesoscale energy spectra of moist baroclinic waves[J]. *J. Atmos. Sci.*, **70**: 1242-1256.

Waite M L, Bartello P, 2004. Stratified turbulence dominated by vortical motion[J]. *J. Fluid Mech.*, (517): 281-308.

Wernli H, Fehlmann R, Lüthi D, 1998. The effect of barotropic shear on upper-level induced cyclogenesis: Semigeostrophic and primitive equation numerical simulations[J]. *J. Atmos. Sci.*, **55**:2080-2094.

Yu R. C, Zhang M H, Robert D C, 1999. Analysis of the atmospheric energy budget: A consistency study of available data sets[J]. *J. Geophys. Res.*, **108**(D8):9655- 9661.

Zhang F, 2004. Generation of mesoscale gravity waves in upper-tropospheric jet-front systems[J]. *J. Atmos.*

Sci., **61**:440-457.

Zhang F, Odins A, Nielsen-Gammon J W, 2006. Mesoscale predictability of an extreme warm-season rainfall event[J]. *Wea. Forecasting*, **21**:149-166.

Zhang F, Snyder C, Rotunno R, 2002. Mesoscale predictability of the "surprise" snowstorm of 24-25 January 2000[J]. *Mon. Wea. Rev*, **130**:1617-1632.

Zhang F, Snyder C, Rotunno R, 2003. Effects of moist convection on mesoscale predictability[J]. *J. Atmos. Sci.*, **60**:1173-1185.

Zhang DL, Liu Y, Yau M K, 2002. A multiscale numerical study of hurricane andrew (1992). Part V: Inner-core thermodynamics[J]. *Mon. Wea. Rev.*, **130**:2745-2763.

Zuo Q J, Gao S T, Lü D R, 2012. Kinetic and available potential energy transport during the stratospheric sudden warming in January 2009[J]. *Adv. Atmos. Sci.*, **29**(6):1343-1359.